Ernst Probst / Raymund Windolf

Plateosaurus

Der Deutsche Lindwurm

Widmung

Regina Cossmann gewidmet,
die bei der Entstehung der Werke
„Dinosaurier in Deutschland" (1993)
und „Plateosaurus" (2019)
wertvolle Hilfe geleistet hat!

Impressum:
Plateosaurus: Der Deutsche Lindwurm
1. Auflage als Print-Buch: August 2019
Autoren: Ernst Probst und Raymund Windolf
Anschrift von Ernst Probst:
Im See 11, 55246 Mainz-Kostheim
Telefon: 06134/21152
E-Mail: ernst.probst (at) gmx.de
Herstellung: Amazon Distribution GmbH, Leipzig
Alle Rechte vorbehalten
ISBN: 978-1-086-80285-6

Plateosaurier in der Obertriaszeit
vor mehr als 200 Millionen Jahren in Süddeutschland.
Bild: Gemälde von Fritz Wendler (1941–1995)
für das Buch „Deutschland in der Urzeit" (1986)
von Ernst Probst

Der schwäbische Lintwurm, Plateosaurus aus den Knollenmergeln von Trossingen W. Nat. Sammlg, Stuttgart.

„Schwäbischer Lintwurm" Plateosaurus
aus den Knollenmergeln von Trossingen in Württemberg
auf einer alten Postkarte

Vorwort

Noch manches Rätsel gibt der erste in Deutschland entdeckte Dinosaurier auf. Man kennt zwar das Fundjahr 1834 und den Namen des Entdeckers Dr. Johann Friedrich Philipp Engelhardt, aber nicht den genauen Fundort unweit von Nürnberg. Was man über den ersten deutschen Dinosaurierfund weiß, schildert das Taschenbuch „Plateosaurus: Der Deutsche Lindwurm". Verfasser sind der Wissenschaftsautor Ernst Probst und der Paläontologe Raymund Windolf (1953–2010). Die beiden haben 1993 das Buch „Dinosaurier in Deutschland" veröffentlicht. Daraus stammt der aktualisierte Text über den 1837 von dem Frankfurter Paläontologen Hermann von Meyer als *Plateosaurus engelhardti* bezeichneten Dinosaurier. Von keiner anderen Dinosaurierart sind in Deutschland mehr fossile Reste geborgen worden. Die Fundorte liegen in Bayern, Baden-Württemberg (vor allem Trossingen), Niedersachsen, Sachsen-Anhalt (Halberstadt) und Thüringen. Scherzhaft wird *Plateosaurus* als „Deutscher Lindwurm", „Schwäbischer Lindwurm" oder „Fränkischer Lindwurm" bezeichnet. Fossile Reste des bis zu zehn Meter langen und maximal vier Tonnen schweren Dinosauriers aus der Triaszeit vor etwa 217 bis 201 Millionen Jahren sind in etlichen Museen zu bewundern.

Inhalt

Knochen des ersten deutschen Dinosaurierfundes von 1834.
Früher wurden sie in einer Vitrine
im „Geologisch-Paläontologischen Institut"
der „Universität Erlangen" aufbewahrt.
Foto: Regina Cossmann, Visselhövede

Der erste deutsche Dinosaurierfund

Das Jahr 1834: Zwischen den deutschen Einzelstaaten fallen Zollschranken, der Deutsche Zollverein wird gegründet. In Bayern regiert König Ludwig I. Und hier in Bayern, genauer in Franken, sollte die Erde erstmals ihre geheimnisvollen „Drachen des Erdmittelalters" entlassen. Ein Jahr später, 1835, wurde zwischen Nürnberg und Fürth die erste Eisenbahnstrecke Deutschlands in Betrieb genommen, und unweit davon, in einer Tongrube zwischen bewaldeten Hügeln und Bächen östlich von Nürnberg, kamen im Sommer 1834 die ersten Knochen zum Vorschein. Diesen ersten Dinosaurier auf deutschem Boden fand der Nürnberger Lehrer und Chemiker Prof. Dr. Johann Friedrich Philipp Engelhardt (1797–1837), heißt es. In Wirklichkeit waren wohl Steinbrucharbeiter als erste auf jene Dinosaurierknochen gestoßen. Engelhardt präsentierte seinen Fund erstmals bei der 12. Versammlung Deutscher Naturforscher und naturforschender Ärzte, die vom 18. bis zum 24. September 1834 in Stuttgart abgehalten wurde.

Über den genauen Fundort sind sich die Chronisten heute allerdings nicht einig. Der damals in Erlangen tätige Wissenschaftler Max Blanckenhorn hielt 1897 in seiner Monographie über die Saurierfunde in Franken einen Steinbruch am Buchenbühl südlich des kleinen Städtchens Heroldsberg für den Fundort. Das nordöstlich von Nürnberg gelegene Heroldsberg ist als Fundort des ersten deutschen Dinosauriers auch in die paläontologische Fachliteratur eingegangen. Wegen der unterschiedlichen Farben des umgebenden Gesteins und der fossilen Knochen lokalisierte der damals in München arbeitende Paläontologe Max Urlichs den Fund 1966 eher in der Gegend zwischen Heroldsberg und dem südöstlicheren Güntersbühl. Andere Chronisten sehen in

Der englische Zoologe und Anatom Richard Owen (1804–1892)
prägte 1841 den Begriff „Dinosauria".
Foto: Porträt von 1856 (via Wikimedia Commons),
Lizenz: gemeinfrei (Public domain)

einem der Steinbrüche um Güntersbühl und Nuschelberg den Originalfundort, während nach anderer Meinung wieder der weiter südöstlich gelegene Ort Altdorf dieses Prädikat für sich beanspruchen kann. Die Entdeckung des ersten Dinosauriers auf deutschem Boden fiel noch in eine Zeit, in der man kaum etwas über diese Tiere der Urzeit wusste. Zwar waren schon etwa 10 Jahre zuvor im südlichen England seltsame fossile Zähne und Knochen gefunden worden, die von ausgestorbenen gigantischen Reptilien stammen sollten, aber die Existenz der Dinosaurier war 1834 noch nicht Allgemeingut, ja, nicht einmal der Begriff „Dinosauria" war damals in der Wissenschaft eingeführt. Er wurde erst 7 Jahre später, im August 1841, von dem englischen Zoologen und Anatom Richard Owen (1804--1892) geprägt. Immerhin entstand schon in den Jahren davor bei einigen Wissenschaftlern aufgrund der in England geborgenen Funde die Vorstellung von riesigen ausgestorbenen Tieren, die zum einen viel mit heutigen Reptilien gemeinsam hatten, gleichzeitig aber mit ihren säulenartigen Beinen an Elefanten und andere dickhäutige Säuger erinnerten. Auch ein deutscher Gelehrter teilte diese Vorstellungen: Hermann von Meyer, geboren am 3. September 1801 in Frankfurt am Main und gestorben am 2. April 1869, war ohne Zweifel einer der bedeutendsten Paläontologen des 19. Jahrhunderts, ohne es von Beruf her je gewesen zu sein. Zwar hatte er in München auch Vorlesungen über Mineralogie gehört, aber die Semester, in denen er in Heidelberg Volkswirtschaftslehre studierte, wurden für seinen beruflichen Werdegang sehr viel entscheidender. Als von Meyer 1837 den ersten deutschen Dinosaurier beschreiben sollte, war er Kontrolleur bei der deutschen Bundeskassenverwaltung in Frankfurt am Main. Trotz seiner Beamtenlaufbahn blieb von Meyer seinen wissenschaftlichen Interessen treu. Es gelang ihm,

Frankfurter Paläontologe Hermann von Meyer (1801–1869).
Bild: Lithographie von C. J. Allemagne von 1837

sich neben seinem Beruf auch weiterhin mit fossilen Wirbeltieren zu beschäftigen. Bald hatte er einen so guten Ruf, dass er von überall Funde zur Bearbeitung bekam. Deshalb schickte auch Dr. Engelhardt seinen fränkischen Fund an Hermann von Meyer zur Begutachtung.

Seine Erkenntnisse publizierte von Meyer am 4. April 1837 in Form eines Briefes im „Neuen Jahrbuch für Mineralogie, Geologie und Paläontologie": „Herr Dr. Engelhardt in Nürnberg brachte zur Versammlung der Naturforscher in Stuttgart einige Knochen von einem Riesenthier aus einem Breccien-artigen Sandstein des oberen Keupers seiner Gegend. Derselbe hatte die Gefälligkeit, mir alle Knochen, welche aus diesem Gebilde herrühren, mitzutheilen. Ich habe sie bereits untersucht und die besten davon, welche in fast vollständigen Gliedmaßenknochen und in Wirbeln bestehen, abgebildet. Dieser Fund ist von großem Interesse. Die Knochen rühren von einem der massigsten Saurier her, welcher infolge der Schwere und Hohlheit seiner Gliedmaßenknochen dem *Iguanodon* und *Megalosaurus* verwandt ist und in die zweite Abtheilung meines Systems der Saurier gehören wird. Keiner seiner Verwandten war bisher so tief im Europäischen Kontinent und aus so einem alten Gebilde bekannt. Diese Reste gehören einem neuen Genus an, das ich *Plateosaurus* nenne; die Species ist *Pl. Engelhardti*. Das Ausführliche darüber werde ich später bekannt machen."

Bei der wissenschaftlichen Erstbeschreibung erklärte Meyer nicht, warum er den Gattungsnamen *Plateosaurus* wählte. Dieser Begriff wird mit „Flache Echse", „Breite Echse" oder „Breitweg-Echse" übersetzt.

Indem von Meyer den fränkischen Fund in enge Verwandtschaft zu den beiden englischen Entdeckungen stellte, welche die Namen *Iguanodon* („Leguanzahnechse") und *Megalosaurus*

Dʳ Joh. Fried. Phil. Engelhart

Professor der Chemie an der polytechnischen = und an der Kreis=Landwirth=
schafts = und Gewerbßschule in Nürnberg.

———›››‹‹‹———

Eine biographiſche Skizze.

————

Beilage zum Programm und Jahreßbericht der techniſchen Lehranſtalten in Nürnberg
pro 18³⁶/₃₇.

Der Nürnberger Lehrer und Chemiker
Prof. Dr. Johann Friedrich Philipp Engelhardt (1797–1837)
gilt als Entdecker des ersten deutschen Dinosaurierfundes.
Er wurde am 16. Februar 1797 in dem Dorf Wildenstein bei Crailsheim
(Württemberg) als Sohn eines evangelischen Landgeistlichen geboren
und starb am 9. Juni 1837 in Nürnberg.
In der Literatur findet man die Schreibweisen Engelhardt,
Engelhard und Engelhart des Familiennamens.
Das Bild oben zeigt den Titel einer „biographischen Skizze",
die 1839 nach dem frühen Tod von Engelhardt erschien.

209. Dr. Johann Friedrich Philipp Engelhart,

Profeſſor der Chemie an der Polytechniſchen = und an der Kreis=
landwirthſchafts = und Gewerbsſchule in Nürnberg;
geb. den 16. Febr. 1797 in dem Pfarrdorfe Wildenſtein bei Crails=
heim (Würtemberg), geſt. den 9. Juni 1837 *).

Sein Vater, ein kenntnißreicher Landgeiſtlicher, jetzt
Pfarrer in Vach, Landgerichts Nürnberg, war nicht nur
ſein Erzieher, ſondern auch bis zu ſeinem 13. Lebensjahre
ſein alleiniger Lehrer, der ihn in den Lehrgegenſtänden
der lateiniſchen Schule, zur Vorbereitung für das Gym-
naſium und in den neuen Sprachen unterrichtete. Schon
in dem Knaben zeigte ſich ein ernſter Sinn und ein in-
nerer, mit beharrlichem Fleiße verbundener Trieb zum
Studium der Naturwiſſenſchaft. Nachdem er ein Jahr
lang das ehemals in Nürnberg beſtandene Realinſtitut
beſucht hatte, trat er in eine angeſehene Material - und
Drogueriewaarenhandlung in Nürnberg, in welcher er 3½
Jahr als Lehrling und eben ſo lange als Kommis zur voll-

*) Nach der Beilage zum Programm im Jahresbericht der
techn. Lehranſtalt zu Nürnberg pro 1837.

Nachruf auf den Lehrer, Chemiker und Entdecker
des ersten deutschen Dinosauriers,
Prof. Dr. Johann Friedrich Philipp Engelhardt (1797–1837),
in „Neuer Nekrolog der Deutschen,
Fünfzehnter Jahrgang, Erster Theil", Weimar 1839

Englischer Zoologe Thomas Henry Huxley (1825–1895).
Foto: Daniel Downey (1829–1881)
(via Wikimedia Commons),
Lizenz: gemeinfrei (Public domain)

(„Große Echse") erhalten hatten, bewies er wissenschaftlichen Weitblick. Diese ersten Repräsentanten des neu zu benennenden mesozoischen Riesengeschlechtes waren eineinhalb Jahrzehnte zuvor in südenglischen Steinbrüchen aufgetaucht und stellten sozusagen die Prototypen dar, nach denen Richard Owen 1841 seine „Dinosauria" bezeichnen sollte. Doch Hermann von Meyer schwebte eine eigene Systematik für die „Schreckensechsen" des Erdmittelalters vor. Schon 1830 erfand er für sie den Namen „Pachypoda", die „Schwerfüßer" – aufgrund ihrer mächtigen Gliedmaßenknochen und in Anlehnung an moderne Großsäuger. Diese Bezeichnung und das dazugehörige System, in das er die fossilen Saurier stellte, wurden von ihm auch 1840 und später noch benutzt und weitergeführt. Hätte er es wissenschaftlich begründet und scharf umrissen und nicht in unverbindlicher Tabellenform dargestellt, hätte ihm und nicht Richard Owen das „Copyright" für die Entdeckung der Dinosaurier als einer einheitlichen Gruppe zugestanden. Dies war jedenfalls schon damals die Meinung von Owens Gegner, des englischen Zoologen Thomas H. Huxley (1825–1895). Aber so ging Owens Vorschlag in die Annalen der Paläontologie ein und nicht von Meyers, andernfalls hätte es die „Dinosauria" nie gegeben, sondern die „Pachypoda".

Dennoch hatte Hermann von Meyer mit seiner Benennung der fränkischen Knochen aus der Triaszeit eine glückliche Hand gehabt: Weltweit gesehen war es der siebte Dinosaurier, der einen Namen bekommen hatte (darunter befanden sich allerdings zwei Gattungen, die nur auf Zahnfunden begründet waren und heute nicht mehr gültig sind, so dass *Plateosaurus* eigentlich der fünfte vergebene Dinosauriername war).

Von Meyers Bezeichnung „*Plateosaurus engelhardti*" („Engelhardts flache Echse") blieb auch später erhalten, heute ist sie sogar für alle deutschen Plateosaurierfunde gültig. Gleichzeitig

ist der zuerst gefundene Dinosaurier aus Deutschland bis heute
der berühmteste geblieben.

Plateosaurus: Der „Deutsche Lindwurm"

Eine stellenweise bis zu 50 Kilometer breite und fast 500 Kilometer lange Fläche mit über 30 Fundstellen des Prosauropoden *Plateosaurus* zieht sich von Südwesten bis Nordosten bandartig über Deutschland hinweg. Als Prosauropoden bezeichnet man pflanzenfressende Echsenbeckendinosaurier.
Vom württembergischen Donaueschingen im Südwesten bis nach Halberstadt in Sachsen-Anhalt im Nordosten findet man in Triasgesteinen jene Orte, an denen die Überreste von *Plateosaurus* entdeckt wurden. Eine derartige Häufung von Fundorten kennt man von keinem anderen Dinosaurier aus Deutschland, weshalb es sicher nicht verkehrt ist, den ursprünglich als „Schwäbischen Lindwurm" getauften *Plateosaurus* als den „Deutschen Lindwurm" zu bezeichnen!
An der Versammlung der Deutschen Naturforscher und Ärzte in Stuttgart im Jahr 1834 nahm neben dem fränkischen Arzt Engelhardt auch ein Mann teil, der sich intensiv mit der Erd- und Fossilgeschichte seines Landes beschäftigte: der Stuttgarter Lehrer Theodor Plieninger (1795–1879), der an einem Mädchengymnasium Naturgeschichte unterrichtete. Bisher waren im Keuper (etwa 235 bis 199,6 Millionen Jahre) von Württemberg noch keine Dinosaurier gefunden worden, aber die Entdeckung des ersten Dinosauriers in Franken hatte ein Signal gesetzt. Und tatsächlich fand der Stuttgarter Zigarrenfabrikant Gottlieb Albert Reiniger (1803–1868) zehn Jahre nach der Erstbeschreibung von *Plateosaurus engelhardti* auf dem Grundstück seiner Schwiegereltern in Degerloch bei Stuttgart ein

fast vollständiges Saurierskelett. Von dem Tier aus dem Knollenmergel (Mittlerer Keuper) fehlte nur der Schädel, der sich trotz intensiver Suche nicht mehr finden ließ. Nach Reinigers Überzeugung war der im Gestein zermahlene Schädel zur Bodenverbesserung auf die benachbarten Weinberge gestreut worden.

Albert Reiniger bat Theodor Plieninger, das Skelett zu beschreiben und zu bestimmen. Dieser ließ sich allerdings Zeit und stellte den Fund erst 1857 unter dem Namen *Belodon* vor. *Belodon* aber war ein Reptil, das mit Dinosauriern nichts zu tun hatte, in der Folge jedoch immer wieder mit *Plateosaurus* vermischt wurde.

1857 wurde das Dinosaurierskelett von Gottlieb Reiniger dem „Verein für vaterländische Naturkunde in Württemberg" gestiftet, dessen Sammlung 1864 in das Stuttgarter Naturalienkabinett überging. Zu Ehren von Plieninger wurde es von Friedrich von Huene später als G*resslyosaurus plieningeri* (nach dem Schweizer Paläontologen Amanz Gressly (1814–1865) benannt.

1856 stößt man in der Gegend um Tübingen auf weitere Überreste von Dinosauriern. Der Altmeister der schwäbischen Paläontologie, Friedrich August Quenstedt (1809–1889), beschreibt sie 1867 unter dem Namen *Zanclodon* („Schneidezahn"), ein Name, den Theodor Plieninger 1847 für ein Kieferstück eines Reptils unbekannter Zugehörigkeit aufgestellt hatte. *Zanclodon* wurde später für viele weitere Funde von *Plateosaurus* verwendet, bis ihre Bezeichnung von dem amerikanischen Paläontologen Othniel Charles Marsh (1831–1899) zugunsten von *Plateosaurus* geändert wurde. Friedrich August Quenstedt war von den Funden des *Zanclodon* so begeistert, dass er in seinem Buch „Der Jura" 1858 verkündete: „Das ist der Lindwurm!" Die auf Württemberg zutreffende, volkstümliche

Tübinger Paläontologe
Friedrich von Huene (1875–1969).
Foto: Eberhard-Karls-Universität Tübingen,
Institut und Museum
 für Geologie und Paläontologie

Schweizer Paläontologe
Amanz Gressly (1814–1865).
Foto: Porträt aus den 1860er Jahren
(via Wikimedia Commons),
Lizenz: gemeinfrei (Public domain)

Tübinger Paläontologe
Friedrich August Quenstedt (1809–1889).
Bild: Gemälde der deutschen Malerin
Bertha Froriep (1833–1920)
von 1868

Amerikanischer Paläontologe
Othniel Charles Marsh (1831–1899).
Foto: Library of Congress, Prints and Photographs Division,
Washington D.C., Brady-Handy Photograph Collection,
Digital ID: cwph 04124 (via Wikimedia Commons),
Lizenz: gemeinfrei (Public domain)

Fundortkarte 6: **Knochenfunde in der Trias Württembergs**

1 = Langenberg: *Plateosaurus*
2 = Wüstenrot: *Plateosaurus*
3 = Welzheim: *Plateosaurus*
4 = Spraitbach: *Plateosaurus*
5 = Erlenberg: *Plateosaurus*
6 = Tübingen: *Plateosaurus*
7 = Schlößlesmühle bei Waldenbuch: *Plateosaurus*
8 = Stuttgart: *Plateosaurus, Sellosaurus*
9 = Balingen: *Plateosaurus*
10 = Aixheim: *Plateosaurus*
11 = Biesingen bei Donaueschingen: *Plateosaurus*
12 = Trossingen: *Plateosaurus, Sellosaurus, Liliensternus*
13 = Stromberg; Pfaffenhofen: *Sellosaurus, Procompsognathus, Halticosaurus orbitoangulatus* und *H. longotarsus* Stromberg; Ochsenbach: *Plateosaurus*

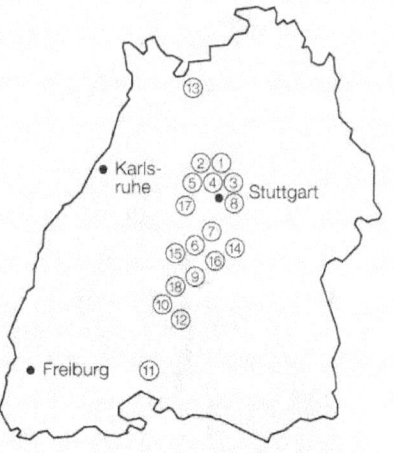

14 = Echterdingen: *Plateosaurus*
15 = Bebenhausen: *Plateosaurus*
16 = Pfrondorf: *Plateosaurus*
17 = Kressbach: *Plateosaurus*
18 = Hechingen: *Plateosaurus*

Fundortkarte über Knochenfunde von Dinosauriern aus der Triaszeit in Württemberg.
Karte aus dem Buch „Dinosaurier in Deutschland" (1993) von Ernst Probst und Raymund Windolf (1953–2010)

Bezeichnung „Schwäbischer Lindwurm", die noch heute für *Plateosaurus* angewandt wird, geht ebenfalls auf Quenstedt zurück.

Von *Plateosaurus* wurden in Württemberg in den nächsten Jahrzehnten oft unter den Namen *Gresslyosaurus, Belodon* oder *Zanclodon* noch weitere Funde entdeckt: am Erlenberg bei Stuttgart und in Balingen. Bis heute kennt man etwa 16 verschiedene Fundstellen in Württemberg, von denen Biesingen bei Donaueschingen der südwestlichste und damit auch der südlichste *Plateosaurus*-Fundort ganz Deutschlands ist, der Langenberg im Schwäbischen Wald und die Ortschaft Wüstenrot sind die beiden nördlichsten. *Plateosaurus* wäre aber trotz all dieser Funde nie zum populären „Schwäbischen Lindwurm" geworden, hätte es im 20. Jahrhundert nicht noch weit spektakulärere *Plateosaurus*-Funde gegeben, die endlich auch vollständige Skelette und Schädel dieser Tiere ans Tageslicht brachten. An erster Stelle aller *Plateosaurus*-Fundorte steht ein Ort, der alle anderen württembergischen Fundorte durch die Menge der Skelettfunde übertrifft: Trossingen!

Die Trossinger Plateosauriergrabungen

Zwischen Schwarzwald und Schwäbischer Alb befindet sich im Südwesten Deutschlands die „Baar", eine 700 bis 800 Meter hohe Alb-Vorlandschaft, auf der die Stadt Trossingen liegt. In der ersten Hälfte des 20. Jahrhunderts war Trossingen Schauplatz der aufwändigsten und erfolgreichsten Dinosauriergrabungen, die jemals in Deutschland stattgefunden haben. Aus der Erde um Trossingen wurden auch mehr Dinosaurierknochen und -skelette geborgen als in ganz Deutschland zusammengenommen. Die drei Trossinger Grabungen sind

Stuttgarter Paläontologe Eberhard Fraas (1862–1915).
Foto: (via Wikimedia Commons),
Lizenz: gemeinfrei (Public domain)

deshalb mit den aufsehenerregenden Dinosaurier-„Expeditionen" in den USA und Asien durchaus vergleichbar. Wann die ersten fossilen Dinosaurierknochen aus der Stadt zwischen Feldberg und Bodensee publik wurden, darüber sind sich die Quellen heute uneins. Kurz nach Anfang des 20. Jahrhunderts, etwa um 1904, scheinen jedenfalls erste Berichte darüber aufgetaucht zu sein, die auch bis an die Tübinger Universität gelangten. Da dort aber die finanziellen Mittel für die wissenschaftlichen Ausgrabungen fehlten, erlahmte das Interesse an den Berichten bald wieder. Der erste verbriefte Fund stammt aus dem Jahr 1910. Er war im Tal des Trosselbaches nordöstlich von Trossingen an der „Oberen Mühle" entdeckt worden, wo der steile Bachhang bei Kindern eine beliebte Rutschbahn bildete. Auf dem glitschigen Untergrund aus Knollenmergel-Letten gelang einem der Kinder auf der „Rutschete" sozusagen spielend der Fund eines Knochens. Der damals zehn Jahre alte Schüler Hermann Weiß kann für sich in Anspruch nehmen, die nach wie vor berühmteste Dinosaurierfundstelle Deutschlands entdeckt zu haben. Dieser erste Knochen aus dem Jahr 1910, ein Mittelfußknochen, wird heute noch im Trossinger Heimatmuseum aufbewahrt. Hermann Weiß zeigte den Knochen seinem Lehrer, dem Trossinger Hauptlehrer Friedrich Gottlieb Munz, der ihn an das Königliche Naturalienkabinett in Stuttgart zu Professor Eberhard Fraas schickte. Eberhard Fraas, der Sohn von Oskar Fraas (1824–1897), war wie sein Vater von 1894 an Konservator an der Geologisch-Paläontologischen Abteilung des Stuttgarter Naturalienkabinettes. In Stuttgart am 26. Juni 1862 geboren, arbeitete er nach seinem Studium von 1882 bis 1884 in Leipzig und nach der anschließenden Promotion in München in seiner Heimatstadt. Bei einer Reise nach dem damaligen Deutsch-Ostafrika entdeckte er 1907 die Dinosaurierfundstelle Tenda-

Hermann Weiß aus Trossingen
entdeckte 1910 als zehnjähriger Schüler
am Hang des Trosselbachtales
die ersten Knochen von Plateosaurus
und löste damit
die großen Grabungen aus.
Foto: Staatliches Museum
für Naturkunde Stuttgart

Der glitschige Hang im Trosselbachtal bei Trossingen,
der Kindern als Rutschbahn diente und „Rutschete" genannt wird,
gilt weltweit als größte Dinosaurierfundstelle der Triaszeit.
Foto: Auberlehaus / CC-BY-SA3.0 (via Wikimedia Commons),
lizensiert unter Creative-Commons-Lizenz by-sa-3.0,
https://creativecommons.org/licenses/by-sa/3.0/legalcode

Stuttgarter Großindustrieller Robert Bosch (1861–1942),
Mäzen der ersten Ausgrabung in Trossingen.
Foto: Porträt eines Stuttgarter Ateliers von 1888

guru im heutigen Tansania. Auf seiner Reise zog er sich eine Tropenkrankheit zu, die letztlich seinen frühen Tod am 6. März 1915 in Stuttgart verursachte.

Nachdem Fraas den Mittelfußknochen aus Trossingen erhalten hatte, handelte er schnell und besuchte Trossingen, wo er am Hang des Trosselbaches sofort erkannte, dass an mindestens fünf verschiedenen Stellen Dinosaurierknochen herauswitterten. Eine Grabung schien demnach erfolgversprechend zu werden.

Die erste Trossinger Grabung 1911 und 1912

Die erste Trossinger Grabung begann dann bereits im Frühjahr 1911. Eberhard Fraas plante, einen Teil des Berges von oben her abzuheben, um damit ein möglichst vollständiges Skelett bergen zu können. Dabei war er realistisch genug, zu erkennen, dass bei einem solchen Vorhaben mindestens 2000 Kubikmeter Knollenmergel weggeschafft werden mussten, was einen erheblichen Zeit- und Personalaufwand erforderlich machen würde. Dafür benötigte man einen finanziellen Rückhalt. Der Mäzen fand sich in dem Stuttgarter Großindustriellen Robert Bosch (1861–1942), der die Ausgrabungen auch im nächsten Jahr noch finanziell unterstützte. Mehr als neun Wochen, vom 29. Juli bis zum 5. Oktober, beinahe ohne Unterbrechungen, dauerte schließlich die Arbeit am Trossinger Hang, der sich nach und nach durch einen bis zu 8 Meter tiefen Aushub dunkelrot von der Umgebung abhob. Die fast in amerikanischen Dimensionen organisierte Grabung machte die Verantwortlichen aber zunehmend nervös, da die Ergebnisse keineswegs dem Aufwand angemessen zu sein schienen. In der kalten Witterung des Jahres 1912 setzte schon Ende September

Erste Trossinger Plateosauriergrabung 1912.
Foto: Oberlehrer Ludwig Wihelm,
Archiv „Museum Auberlehaus" (via Wikimedia Commons),
Lizenz: gemeinfrei (Public domain)

verfrühter Schneefall ein, als der Präparator Max Böck (1877–1945) den Fund gut erhaltener und zusammenhängender Skelettteile endlich am 27. September melden konnte. Diese wurden ausgerechnet an der tiefsten Stelle der Ausgrabungen entdeckt, so dass noch einmal von oben her 8 Meter Erdbedeckung abgetragen werden mussten. Doch die mühsame Erweiterung der Grabungsstelle lohnte sich, denn am 2. und 3. Oktober konnte das scheinbar nahezu vollständige und unverdrückte Skelett eines großen Dinosauriers von etwa 5,75 Meter Gesamtlänge aus der Erde gehoben werden. Da es fest mit dem Gestein verbacken war, musste es in größeren Blöcken geborgen werden, die in 33 Kisten verpackt wurden. Insgesamt ergaben alle Funde dieser ersten Trossinger Grabung zusammen 107 große Kisten, die man mit der Eisenbahn nach Stuttgart in das Naturalienkabinett transportierte. Fünf Monate benötigte man dort in den Präparationsräumen, das zuletzt gefundene Skelett vom Gestein zu befreien. Zerbrechliche und mürbe Knochen wurden mit Hilfe von Schellack- und Ätherlösungen getränkt und gehärtet. Nach drei weiteren Wochen konnte das Skelett in der Fundlage, in der es im Gestein gelegen hatte, aufgestellt werden. Eberhard Fraas bestimmte den Dinosaurier als *Plateosaurus* und benannte das vollständige Skelett nach dem Fundort als *Plateosaurus trossingensis*. Daneben glaubte er, dass Teile der anderen Knochenfunde zu den schon früher von Friedrich von Huene beschriebenen Arten *Plateosaurus reinigeri* und *erlenbergiensis* gehören würden.

Noch heute kann man Abgüsse dieses ersten *Plateosaurus*-Skelettes aus Trossingen bewundern, denn es wurde – sowohl in zwei- als auch in vierbeiniger Fortbewegungsweise – in der im Stuttgarter Naturkundemuseum am Löwentor aufgestellten Gruppe zu neuem Leben erweckt. Auch im Trossinger Heimatmuseum sind Abgüsse davon zu sehen.

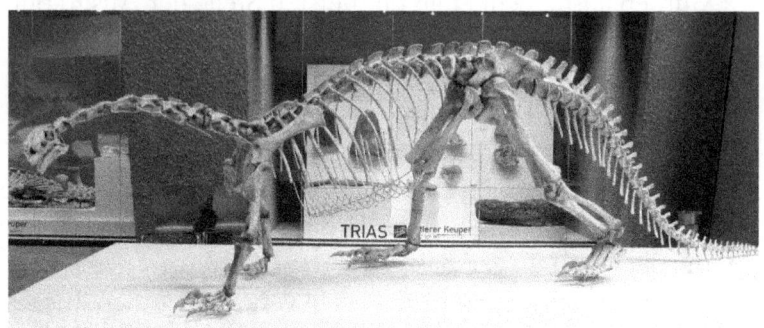

Skelett von Plateosaurus engelhardti aus Trossingen
im „Museum am Löwentor", Stuttgart.
Foto: Ra'ike / CC-BY-SA3.0 (via Wikimedia Commons),
lizensiert unter Creative-Commons-Lizenz by-sa-3.0,
https://creativecommons.org/licenses/by-sa/3.0/legalcode

Skelett von „Plateosaurus trossingensis" aus Trossingen.
Zeichnung von Hugo Wolff-Maage (geboren 1866)
aus Wilhelm Bölsche (1861–1939): Das Leben der Urwelt (1931).
In jenem Buch wird „Plateosaurus trossingensis"
irrtümlich als gefährlicher Raubsaurier bezeichnet.

Amerikanischer Paläontologe
William Diller Matthew (1871–1930).
Foto: „American Museum of Natural History", New York
(via Wikimedia Commons),
Lizenz: gemeinfrei (Public domain)

Die zweiten Trossinger Grabungen 1921 bis 1923

Dass der Trossinger Boden noch weitere Dinosaurier bergen musste, darüber waren sich die Wissenschaftler einig. Zunächst jedoch verhinderten der Erste Weltkrieg (1914–1918) und seine Folgen weitere Aktivitäten. Doch 1920 schlug der amerikanische Paläontologe William Diller Matthew (1871–1930) bei einem Besuch in Tübingen Friedrich von Huene eine gemeinsame Grabung in Trossingen vor. Finanziert werden sollte sie vom American Museum of Natural History in New York. Dafür würde die Hälfte der zu erwartenden Funde nach Amerika gehen, die andere Hälfte sollte Tübingen erhalten. Dieser Vorschlag Matthews wurde angenommen und im Sommer 1921 in die Tat umgesetzt. Genau zehn Jahre nach der ersten Grabung begann die Fortsetzung der Kampagne, die bis 1923 dauerte. Die Grabungen standen unter der Leitung von Friedrich von Huene und seines Präparators Georg Wetzel (1883–1942).

Mit den zweiten Trossinger Dinosauriergrabungen ist Friedrich von Huenes Namen wohl am engsten verbunden. Er hatte nicht nur die wissenschaftliche Leitung der zweiten Grabungskampagne, sondern er entwickelte in den Jahren danach auch Hypothesen und Vorstellungen, wie die Plateosaurier gelebt und vor allem wie sie zu Tode gekommen waren. Daneben gelang es ihm, die bis heute ausführlichste und noch gültige Beschreibung eines Plateosaurierskelettes zu veröffentlichen. All diese Tätigkeiten führte Friedrich von Huene von Tübingen aus durch, der Stadt, in der er am 21. März 1875 geboren worden war und in der er am 4. April 1969 starb. In Tübingen hatte er auch sein Studium absolviert, promoviert und als Professor der Paläontologie Vorlesungen an der Universität gehalten. Außerdem unternahm er Reisen in die USA, nach Indien und

Südamerika, wo er sich mit den unterschiedlichsten fossilen Reptilien beschäftigte, die er in mehr als 300 Veröffentlichungen beschrieb. Ein erheblicher Anteil seiner Publikationen galt den in Deutschland entdeckten Sauriern, darunter auch Dinosauriern wie *Plateosaurus, Sellosaurus* oder *Megalosaurus*. Dass heute nicht mehr alle seiner Theorien als richtig anerkannt werden und viele Dinosauriernamen, die er aufstellte, nicht mehr gültig sind (vor allem im Zusammenhang mit deutschen Dinosauriern), setzt seine Pionierarbeit auf diesem Gebiet keineswegs herab und schmälert auch nicht seine Verdienste um die Wirbeltierpaläontologie.

An den zweiten Trossinger Grabungen waren Dutzende von Studenten und Arbeitern beteiligt. Friedrich von Huene ließ deshalb für die drei Sommer, in denen die Ausgrabungen stattfanden, ein Zeltlager errichten, das sich direkt neben dem Hang an der „Oberen Mühle" befand. Ein großes Zelt diente den Studenten als Schlaf- und Wohnplatz, in zwei kleineren Zelten waren organisatorische Einrichtungen untergebracht. Die Grabungsmannschaften arbeiteten in den Sommermonaten wie in einem Steinbruch: Während an den heißen Sommertagen die einen mit nacktem Oberkörper Abraum in kleine Kippwagen luden und auf eigens gelegten Schienen abtransportierten, lockerten andere mit Spitzhacken vorsichtig das Erdreich. Stieß man auf neue Funde, eilten die beiden Präparatoren Georg und Wilhelm Wetzel herbei, trugen den Fund in den Lageplan ein, nummerierten ihn und umhüllten ihn zuletzt mit dicken Gipsbandagen. Die bis zu 30 Zentner schweren Fundstücke wurden mit Lastkraftwagen nach Tübingen in die Präparationswerkstatt des Paläontologischen Instituts der Universität transportiert. Dort dauerte es mehrere Jahre, bis Tausende von Knochen von Gips und Stein befreit, danach gehärtet und innen mit Eisen versteift worden waren.

Die Grabungen fanden in der Zeit der Inflation statt, und so mussten sich die Studenten, wenn auch murrend, immer wieder von großen Portionen billiger Haferflocken ernähren, die nie auszugehen schienen. Friedrich von Huene, der die Verpflegung selbst einkaufte, war ebenso sparsam wie spartanisch und beeinflusste damit auch die anderen Mitarbeiter. Immerhin hatte man auch bei den zweiten Trossinger Grabungen das Glück, von zahlungskräftigen Mäzenen unterstützt zu werden: Im ersten Jahr übernahm, wie vereinbart, das Amerikanische Naturhistorische Museum die Finanzierung, während 1922 und 1923 die Trossinger Industriellen Karl Koch und Matthias und Andreas Hohner einsprangen.

Als am 12. August 1922 im nahen Tübingen die Paläontologische Gesellschaft tagte, unternahm diese unter der Leitung von Friedrich von Huene einen Ausflug zu den noch betriebenen Ausgrabungen in Trossingen. Huene erklärte den Teilnehmern der Exkursion, dass kein Knochenfund dem Zufall überlassen bleibe, da über dem gesamten Grabungsplatz an hohen Pfählen ein Koordinatensystem aus Seilen von Nord nach Süd und von Ost nach West befestigt worden sei. Die entsprechenden Linien seien in einem Plan im Maßstab 1:20 auf Millimeterpapier eingetragen und darin sei jeder Einzelfund vermerkt worden. Friedrich von Huene erzählte auch, welcher Behandlung die Knochenfunde unterzogen wurden: Rings um den betreffenden Knochen wurde das umgebende Gestein abgetragen, so dass der Fund wie auf einem Sockel thronte. Dann wurde der Knochen mit Schellacklösung getränkt, mit dünnem Papier überzogen und wiederum mit Schellack behandelt. Danach folgte eine doppelte Lage Zeitungspapier, und schließlich wurde der ganze Block mit in Bändern geschnittenem Rupfenstoff, den man vorher in Gipsbrei getaucht hatte, längs und quer umwickelt. Anschließend löste

Originalskelett eines Plateosaurus engelhardti
im „American Museum of Natural History", New York.
Foto: Ryan Somma / CC-BY-SA2.0 (via Wikimedia Commons),
lizensiert unter Creative-Commons-Lizenz by-sa-2.0,
https://creativecommons.org/licenses/by-sa/2.0/legalcode

man den pilzartig dastehenden Fund von seinem Steinsockel und gipste auch die Unterseite ein.

Die zweiten Trossinger Grabungen erbrachten mehr als ein Dutzend Plateosaurierfunde, von denen ein Skelett nach New York ging, wo es auch heute noch als eines der seltenen Trossinger Originalskelette im American Natural History Museum aufgebaut ist. Trotz der Unterstützung durch die Geldgeber ging Trossingen auch bei den neuen Funden leer aus, eine Missachtung, wie sie auch die Halberstadter Bürgerschaft bei den Plateosauriergrabungen auf ihrem Gebiet erfuhr.

Die dritte und letzte Grabung in Trossingen 1932

Fast ein Jahrzehnt später engagierte sich die Stuttgarter Naturaliensammlung bei der letzten Trossinger Grabung. Pläne dafür hatten schon seit längerem in der Württembergischen Naturaliensammlung bestanden, sie waren aber nicht realisiert worden. Wie schon bei der ersten Grabung 1911 und 1912 hatte auch diesmal wieder Oberpräparator Max Böck die technische Leitung, während der spätere Direktor der Vorläuferinstitution des heutigen Stuttgarter Naturkundemuseums, Dr. Reinhold Seemann, die wissenschaftliche Aufsicht führte.

Nach Eberhard Fraas und Friedrich von Huene ist Reinhold Seemann der dritte Wissenschaftler, dessen Name mit den Trossinger Plateosauriern verbunden bleibt. Am 5. Mai 1888 in Cannstatt geboren und am 17. Dezember 1975 in Marburg gestorben, studierte Seemann in Tübingen, Freiburg, Stuttgart und Berlin Naturwissenschaften. Der Erste Weltkrieg kostete ihn als Offizier sein rechtes Auge. An die Württembergische

Der Stuttgarter Paläontologe Reinhold Seemann (1888–1975) leitete 1932 die dritte und letzte Trossinger Grabung. Foto: „Staatliches Museum für Naturkunde", Stuttgart

Naturaliensammlung kam er bereits 1925 als Konservator, 1938
wurde er Hauptkonservator.
Die dritte Grabung fand vom 9. Mai bis zum 29. Oktober
1932 statt. Wegen der Wirtschaftskrise 1930 wurde ein „Frei-
williger Arbeitsdienst" eingerichtet, von dem die Grabungen
profitierten. Ein halbes Jahr lang arbeiteten bisweilen mehr als
30 Hilfskräfte 36 Stunden in der Woche an der „Oberen Mühle"
des Trosselbachtales. Auto- und Bauschlosser, Sattler, Maurer,
Schreiner, Schuhmacher, Studenten der Agrarwissenschaften
und ein Diplomingenieur gruben gemeinsam nach Plateosauriern. Diese an den Grabungen beteiligten jungen Helfer
nannte der Trossinger Volksmund schon bald „die Saurier".
Zusammen mit der Matthias Hohner AG, die schon 1923/
1924 die Grabungen gefördert hatte, beteiligten sich diesmal
auch die Arbeitsämter der Umgebung und die Stadtverwaltung
an der Unterstützung der Paläontologen.
Im nachhinein hat sich diese dritte Trossinger Grabung als die
erfolgreichste erwiesen, wohl auch, weil enorme Mengen an
Knollenmergel bewegt und untersucht wurden: Auf einer
Fläche von 600 Quadratmetern fielen fast 4.000 Kubikmeter
Gestein an. Damit war die Grabungsfläche der zweiten, von
Huene geleiteten Ausgrabungen um fast 375 Prozent ver-
größert worden.
Insgesamt waren mehr als 200 Kisten nötig, um die Funde des
Jahres 1932 abzutransportieren, zu denen vier Plateosaurier-
skelette, 17 größere Skelettreste und 41 kleinere Teile und
Einzelknochen gehörten. Es wurden aber auch mehrere sehr
wichtige Schildkrötenfunde der Art *Proganochelys quenstedti*
gemacht, die zuvor schon in gleichen Schichten in Halberstadt
aufgetaucht waren.
Die Trossinger Grabungen erfuhren ein jähes tragisches Ende,
als am 14. Oktober 1932 um 9 Uhr früh ein 4 mal 2 Meter

„Die Trossinger Saurier feiern Karneval".
Mit dieser Karikatur wurden die im Volksmund als „Saurier"
bezeichneten Grabungsarbeiter im Fasching 1933 beschenkt.

großer Mergelblock, der sich infolge anhaltender Regenfälle gelöst hatte, abbrach und zwei Arbeiter bis in Brusthöhe einschloss. Einer von ihnen, Christian Helble aus Obernheim bei Spaichingen, wurde dabei so schwer verletzt, dass er starb. Der zweite Verunglückte wurde mit Quetschungen in das Krankenhaus transportiert, wo er das Unglück überlebte. Wie ein Lauffeuer verbreitete sich die Nachricht von dem Unglück in der Stadt und löste überall große Betroffenheit aus. Ärzte, der Bürgermeister und der katholische Pfarrer eilten zur „Oberen Mühle". Der einzige Unfall, der je bei den Grabungen vorkam, ereignete sich kurz vor ihrem offiziellen Abschluss. Unter dem Eindruck des tragischen Ereignisses sagte Dr. Reinhold Seemann einen für den gleichen Abend angesetzten Lichtbildervortrag im Gasthof zur Linde ab, mit dem die Mitarbeiter des „Freiwilligen Arbeitsdienstes" verabschiedet werden sollten.

So fanden gegen Ende Oktober 1932 drei Jahrzehnte Trossinger Dinosauriergrabungen einen traurigen Abschluss. Heute ist das Grabungsgelände am Trosselbachhang mit Buschwerk überwachsen. Theoretisch bestünde die Möglichkeit, die Trossinger Grabungen fortzusetzen; dies wäre aber mit erheblichen finanziellen Aufwendungen verbunden.

Lange Zeit wurden das Ausmaß und die Bedeutung der drei Trossinger Grabungen überhaupt nicht erkannt. Erst in den 1980er Jahren begann man, sich wieder intensiver mit ihnen zu beschäftigen. Vor allem der junge amerikanische Paläontologe Dr. David B. Weishampel aus Baltimore versuchte, einen Überblick über die südwestdeutschen Grabungen zu geben, wobei er 1984 zu dem Schluss kam, dass insgesamt 750.000 Kubikmeter Erdreich abgegraben und bewegt wurden; freigelegt wurde ein Querschnitt von 18 Metern, die

Tabelle 4: Die großen Plateosauriergrabungen in Trossingen

1. Grabung: 1911–1912
   Leitung: Eberhard FRAAS (1862–1915)
   Institut: Königliches Naturalienkabinett Stuttgart
   Ausbeute: Zahlreiche Skelettreste, insgesamt 12 Skelett-
              teile, darunter das vollständige Skelett von
              Plateosaurus trossingensis

2. Grabung: 1921–1922
   Leitung: Friedrich von HUENE (1875–1969)
   Institut: Geologisch-Paläontologisches Institut der
              Universität Tübingen
   Ausbeute: 14 Skeletteile

3. Grabung: 1932
   Leitung: Reinhold SEEMANN (1888–1975)
   Institut: Württembergische Naturaliensammlung
              Stuttgart
   Ausbeute: 65 Funde; 4 vollständige Skelette, 17 größere
              Skelettreste und 41 kleinere Teile und Einzel-
              knochen

   Ausbeute   In sechs Grabungsaktionen konnten
   insgesamt: 35 komplette oder fast komplette sowie frag-
              mentarische Reste von ca. 60 Plateosaurier-
              individuen gefunden werden, also beinahe
              100 Funde insgesamt.[3]

Tabelle aus dem Buch „Dinosaurier in Deutschland" (1993)
von Ernst Probst und Raymund Windolf (1953–2010)
über die Ausbeute der Grabungen in Trossingen (Württemberg)

Grabungsfläche war insgesamt rund 80.000 Quadratmeter groß.
David B. Weishampel verwies darauf, dass in Trossingen eine der weltweit umfangreichsten und erfolgreichsten Dinosauriergrabungen stattgefunden hatte.

Fränkische Plateosaurier

Eigentlich wäre *Plateosaurus* nach seinem ersten Fundort in der Nähe von Nürnberg eher als „Fränkischer Lindwurm" zu bezeichnen, aber Württemberg mit seinen fast 20 Fundorten und der überragenden Bedeutung Trossingens hat Nordbayern den Rang als Heimat des „Lindwurms" abgelaufen. Franken kann heute etwas mehr als ein Dutzend Stellen vorweisen, an denen Überreste von *Plateosaurus* entdeckt wurden, im Norden etwa in Altenstein bei Maroldsweisach und östlich von Kulmbach. Die meisten Plateosaurierknochen kamen aus der Gegend östlich von Nürnberg: Orte wie Heroldsberg, Röthenbach, Altdorf oder Lauf entlang der Pegnitz und südlich von ihr sind das klassische fränkische „Plateosaurierland". In manchen Gebieten existiert hier ein Gestein, das 1897 von Max Blanckenhorn in Erlangen die Bezeichnung *„Plateosaurus-Konglomerat"* erhielt. Vorher sprach man fälschlicherweise von „Zanclodonten-Mergel". In diesem meist hellroten (und deshalb auch als „Feuerletten" bezeichneten) Gestein waren die etwa 45 Einzelknochen des ersten *Plateosaurus* eingebettet, der 1834 entdeckt worden war. 1866 konnten dann beim Bau der Eisenbahnlinie Nürnberg-Bayreuth zwischen Lauf und Behringersdorf wieder riesige Knochen aus einem angeschnittenen Hügel geborgen werden. Bis heute setzen sich die Plateosaurierfunde in Franken fort. Erwähnenswert ist, dass

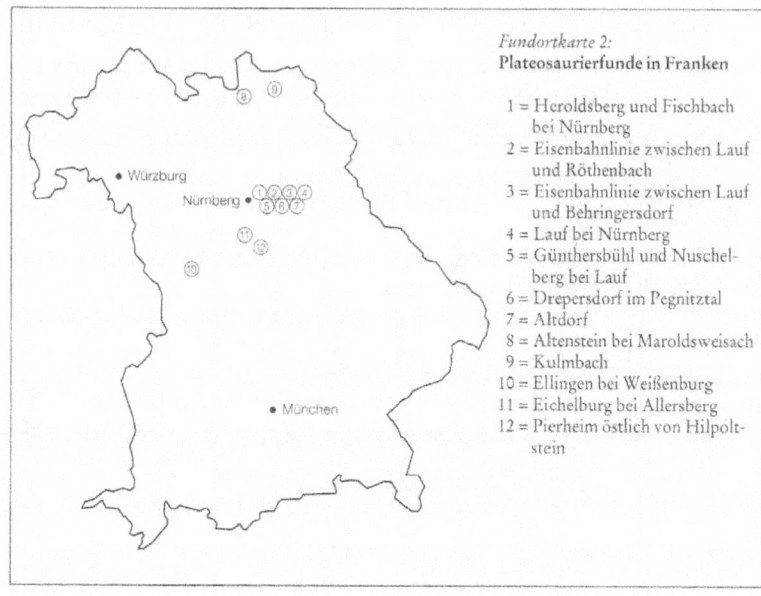

Fundortkarte 2:
Plateosaurierfunde in Franken

1 = Heroldsberg und Fischbach
bei Nürnberg
2 = Eisenbahnlinie zwischen Lauf
und Röthenbach
3 = Eisenbahnlinie zwischen Lauf
und Behringersdorf
4 = Lauf bei Nürnberg
5 = Günthersbühl und Nuschelberg bei Lauf
6 = Drepersdorf im Pegnitztal
7 = Altdorf
8 = Altenstein bei Maroldsweisach
9 = Kulmbach
10 = Ellingen bei Weißenburg
11 = Eichelburg bei Allersberg
12 = Pierheim östlich von Hilpolt-
stein

*Fundortkarte über Knochenfunde von Dinosauriern
aus der Triaszeit in Franken.*
*Karte aus dem Buch „Dinosaurier in Deutschland" (1993)
von Ernst Probst und Raymund Windolf (1953–2010)*

beinahe alle Knochen, die nördlich der Pegnitz gefunden wurden, schwarz erscheinen, die südlich von ihr aufgetauchten aber bläulichgrau.

Einer der umfangreichsten und interessantesten fränkischen Plateosaurierfunde wurde im August 1962 in Ellingen unweit von Weißenburg entdeckt. Als man dort in einem Neubaugebiet ein Privathaus errichtete, stieß man bei Aushubarbeiten für einen Kanal im „Feuerletten" auf erste Knochen. Der Grundstückseigentümer Wilhelm Pöschl zeigte die Knochen dem Kurat Georg Schneid (1910–1967) und dem Apotheker Rudolf Scheib aus Ellingen. Letzterer deutete die Knochen als Schwanzwirbel und meldete die Entdeckung dem an Paläontologie interessierten Professor Dr. Franz Xaver Mayr (1887–1974) an der Philosophisch-Theologischen Hochschule in Eichstätt. Pöschl informierte den Kreisheimatpfleger von Ellingen, Max Frank, der sich am 14. August 1962 ebenfalls an Professor Mayr wandte. Mayr teilte die Funde unverzüglich dem damaligen Direktor der Bayerischen Staatssammlung für Paläontologie und historische Geologie in München, Professor Dr. Richard Dehm (1907–1996), mit. Bei der wissenschaftlichen Ausgrabung vom 28. August bis zum 4. Oktober 1962 barg man auf einer Fläche von mehr als 40 Quadratmetern über 1.000 Knochen. Bereits am ersten Tag berichtete die Nachrichtensendung „Tagesschau" des „Ersten Deutschen Fernsehens" („ARD") über die Ausgrabung. Die Paläontologin Dr. Therese Prinzessin zu Oettingen-Spielberg (1909–1991), Konservatorin an der Bayerischen Staatssammlung, leitete anfangs und in der fünften Woche die Grabung in Ellingen. Am sechsten Tag, dem 4. September 1962, äußerte sie gegenüber der Presse den Verdacht, bei den Knochen handle es sich um einen Plateosaurier. Ähnlich wie im württembergischen Trossingen stieß man auch im mittelfränkischen Ellingen auf

Professor Dr. Franz Xaver Mayr (1887–1974).
Foto: Jura-Museum Eichstätt

*Skelettrekonstruktion von Plateosaurus engelhardti
aus Ellingen bei Weißenburg (Mittelfranken)
im „Paläontologischen Museum", München.
Foto: Szilas im Paläontologischen Museum, München
(via Wikimedia Commons),
Lizenz: gemeinfrei (Public domain)*

*Lebensbild von Plateosaurus gracilis, früher Sellosaurus.
Zeichnung: Nobu Tamura / http://spinops.blogspot.com /
CC-BY2.5 (via Wikimedia Commons),
lizensiert unter Creative-Commons-Lizenz by-sa-2.5,
https://creativecommons.org/licenses/by/2.5/legalcode*

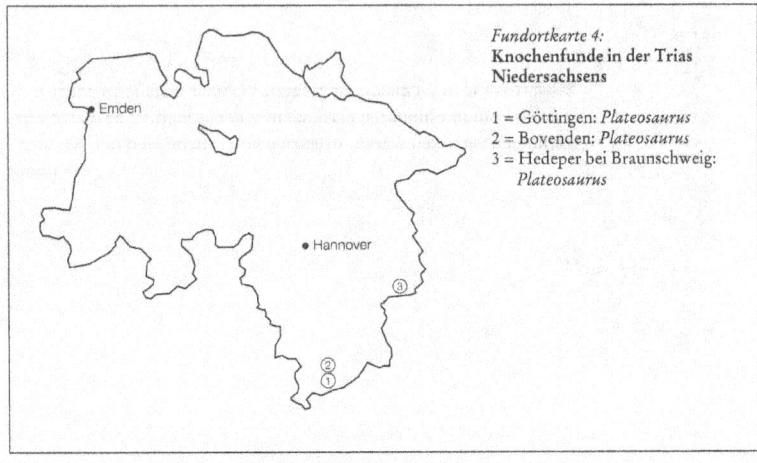

Fundortkarte 4:
**Knochenfunde in der Trias
Niedersachsens**

1 = Göttingen: *Plateosaurus*
2 = Bovenden: *Plateosaurus*
3 = Hedeper bei Braunschweig:
Plateosaurus

*Fundortkarte über Knochenfunde von Dinosauriern
aus der Triaszeit in Niedersachsen.
Karte aus dem Buch „Dinosaurier in Deutschland" (1993)
von Ernst Probst und Raymund Windolf (1953–2010)*

eine Massenansammlung von Plateosaurierknochen („bonebed" = „Knochenlager"). Skelettmontagen eines Ellinger *Plateosaurus* sind in Museen in München, Mannheim, Hannover und Nürnberg zu bewundern. Sie wurden von dem schweizerischen Ehepaar Sonja und Urs Obeli aus Sankt Gallen angefertigt. Der Münchner Paläontologe Markus Moser befasste sich 2003 in seiner Dissertation mit den Plateosaurierfunden aus Ellingen. Ein weiterer Plateosaurierfund kam Ende Juni 1988 beim Bau des Rhein-Main-Donau-Kanals zum Vorschein. Seine schwarzgefärbten Knochen wurden im Fränkische-Schweiz-Museum in Tüchersfeld bei Pottenstein präpariert.

Plateosaurier aus dem Nordosten

Innerhalb der Grenzen der alten Bundesrepublik lagen die nördlichsten Fundorte von *Plateosaurus* in der Göttinger Umgebung. Die Überreste wurden bereits 1885 entdeckt und damals noch als *„Belodon"* („Pfeilspitzenzahn") bezeichnet. Friedrich von Huene beschrieb diese Knochen 1907/1908 und bildete sie auch ab. Im Stadtgebiet von Göttingen gab es damals im Bereich des Kreuzbergwäldchens noch Steinbrüche, in denen ein hellgrauer Quarzit gewonnen wurde, der Material zum Wegebau lieferte. 1885 wurden, nur 20 Meter voneinander entfernt, in kleinen Steinbrüchen zusammenhängende Reste von zwei Plateosauriern entdeckt, von denen einer nach Aussage der Arbeiter auf etwa 5 Meter Länge offen zutage lag. Ein benachrichtigter Wissenschaftler konnte jedoch nur noch eine Anzahl von Wirbeln und Stücke des Schultergürtels bergen. Schädelteile fanden sich nicht, die Knochen waren meist sehr mürbe und weicher als das umliegende Gestein.

Diese aus dem Rhät (etwa 208,5 bis 201,3 Millionen Jahre) von Göttingen stammenden Funde wurden durch große Knochentrümmer ergänzt, die am israelitischen Friedhof am Lohberg bei Bovenden nördlich von Göttingen aus der Erde geholt wurden und ebenfalls zu *Plateosaurus* gehören.

Nordwestlich von Coburg, nahe dem thüringischen Städtchen Hildburghausen, liegt der 679 Meter hohe Große Gleichberg. Dies ist der einzige Fundort von *Plateosaurus* in Thüringen. Im Winterhalbjahr 1932/1933 gelang hier dem Bedheimer Arzt und Hobbypaläontologen Hugo Rühle von Lilienstern (1882–1946) eine einzigartige Entdeckung: Zusammen mit zwei Skeletten von Raubdinosauriern *(Liliensternus,* früher *Halticosaurus)* grub er zwei Plateosaurierskelette aus. Jäger und Gejagte waren hier im Tod vereint zu Fossilien geworden!

In Mitteldeutschland existiert neben diesem thüringischen *Plateosaurus*-Fundort nur noch ein einziger anderer, in Sachsen-Anhalt bei Halberstadt. Dieser ist ungleich wichtiger als der thüringische.

„Es ist nicht unwahrscheinlich, dass in den nächsten Jahren in Thüringen eine neue Plateosaurierfundstelle dazukommt", hieß es 1993 in dem Buch „Dinosaurier in Deutschland". In der Gemeinde Wandersleben im Landkreis Gotha wurden etwa zwischen 1985 und 1987 ein Schulterblatt, ein Extremitätenrest und ein Zahnfragment aus dem Knollenmergel geborgen, die zunächst auf einen neuen Plateosaurierfund hoffen ließen. Doch später hielt man es anhand der Form des Zahnes, den Dr. Rupert Wild in Stuttgart begutachtet hatte, jedoch für wahrscheinlicher, dass es sich um einen Rauisuchier, ähnlich wie *Teratosaurus,* handelt. Als Rauisuchier bezeichnet man räuberische Reptilien aus der Gruppe der Archosauria. Die Wahrscheinlichkeit, dass bei Wandersleben neue Trias-Dinosaurier ans Tageslicht kommen könnten, ist allerdings nach Aussage von Dr. Thomas

Martens vom Naturkundemuseum Gotha und nach Meinung des an den Ausgrabungen beteiligten Amateur-Paläontologen Hagen Hopf durchaus vorhanden.

Die Plateosaurier von Halberstadt

Fast gleichzeitig wie in Trossingen wurde in über 400 Kilometer Entfernung bei Halberstadt in Sachsen-Anhalt eine weitere Plateosaurierfundstelle entdeckt, die in ihrer Bedeutung Trossingen nur wenig nachsteht. Aus Gründen der politischen Entwicklung Deutschlands führte sie zeitweise beinahe ein Schattendasein.
An der Straße von Halberstadt nach Quedlinburg lag zu Beginn des 20. Jahrhunderts eine große Dampfziegelei, die das Material zur Ziegelherstellung einer 15 Meter tiefen und 80 mal 100 Meter großen Tongrube entnahm. Durch Sprengladungen wurde der Ton für den Abbau gelockert. Dabei entdeckten die Arbeiter eines Tages, dass das offensichtlich gut erhaltene Skelett eines Dinosauriers zerstört worden war. Durch die Sprengungen scheinen bereits früher viele Skelette vernichtet worden zu sein; in späteren Schätzungen ging man davon aus, dass in 100.000 Kubikmeter Ton vielleicht an die 100 Dinosaurierskelette verlorengegangen seien. Nach dem erwähnten Vorfall entschloss sich der Besitzer der Grube, ein Herr Baerecke junior, immerhin, nicht mehr zu sprengen, sondern den Ton im Handbetrieb mit Hacken abbauen zu lassen.
Dennoch ist es nur der Initiative eines Hobby-Paläontologen zu verdanken, dass auch die Wissenschaft auf die Halber-stadter Tongrube aufmerksam wurde und ihre Bedeutung erkannte. Im Sommer 1909 waren Arbeiter auf Knochen aufmerksam

Greifswalder Paläontologe Otto Jaekel (1863–1929).
Foto: Universität Stuttgart,
Fakultät Geo- und Biowissenschaften

geworden, die sie einem vor dem Grubenschlagbaum
wartenden Privatsammler übergaben. Dieser, der Halberstadter
Zahnarzt Emil Torger (1867–1910), sandte noch im August
des gleichen Jahres jene Knochen und einige andere, die er
erworben hatte, an die Universität Greifswald zu Professor Otto
Jaekel (1863–1929), der bald an ihrer Form und Struktur
erkannte, dass es sich hierbei um Dinosaurierreste handeln
müsse.

Der am 21. Februar 1863 in Neusalz an der Oder geborene
Otto Jaekel war 1906 als Außerordentlicher Professor an die
Universität Greifswald (heute Mecklenburg-Vorpommern)
gekommen. Nach dem Studium in Breslau und der Promotion
in München war er 1894 als Außerordentlicher Professor nach
Berlin gegangen, wo er Kustos des Geologisch-Paläontologischen Museums wurde. Der erst 56jährig in Peking verstorbene
Jaekel konnte bei seiner Übersiedlung nach Greifswald nicht
ahnen, dass ihn die Halberstadter Funde fast 18 Jahre lang
intensiv beschäftigen würden, ihn, der sich damals eigentlich
mit Panzerfischen befassen wollte.

Otto Jaekel schickte alle Funde in die Landeshauptstadt Berlin,
deren Naturkundemuseum 1909, eine Expedition unter Werner
Janensch (1878–1969) nach dem damaligen Deutsch-Ostafrika
entsandte, wo auf einem Hügel namens Tendaguru bis 1912
spektakuläre Dinosaurierformen wie *Brachiosaurus, Dicraeosaurus*
und *Kentrosaurus* ausgegraben werden konnten.

Schon im Oktober 1909 begannen die offiziellen Grabungen
in Halberstadt. Als dort Otto Jaekel die Tongrube besuchte,
konnten ihm die Arbeiter und der Grubenbesitzer bereits den
hinteren Teil eines Skelettes zeigen. Als im Frühjahr 1910
weitere Funde folgten, war es an der Zeit, die rechtlichen und
finanziellen Aspekte der Grabungen abzuklären. Doch die
Bergung und die weitere Unterbringung der Halberstadter

Plateosaurier standen von Anfang an unter einem ungünstigen Stern, da die Halberstadter Bürger die Aktivitäten des Zahnarztes Torger mit Misstrauen beobachteten, sahen sie doch Funde für „ihr" Museum in das ferne Berlin entschwinden. Otto Jaekel, dem diese Haltung der Halberstadter zu Ohren kam, erkannte die Notwendigkeit, die Halberstadter durch einen Vortrag zu beruhigen. Dabei sicherte er ihnen ein Duplikat des besten Fundes zu. Aber der Verbleib der spektakulärsten Funde musste auch vertraglich abgesichert werden. Auf Jaekels Vorschlag kamen der Preußische Staat in Gestalt des Geologisch-Paläontologischen Museums in Berlin und die Firma Baerecke & Limpricht am 8. Dezember 1910 zu einer Vereinbarung, die dem Museum die Ausgrabungs- und Inventarisierungsrechte zusicherte. Die Ziegeleifirma sollte eine ein-malige Summe von 5.000 Mark und für jeden weiteren vollständigen Fund zusätzliche 3.000 Mark erhalten. Bei dem unterschiedlich interpretierbaren Begriff „vollständiger Fund" musste es fast zwangsläufig zu Diskrepanzen kommen. Aber nicht nur der Streit mit der Ziegeleifirma zerrte an Otto Jaekels Nerven, auch die Notwendigkeit, den Beamten in den Ministerien die Gelder für die Bezahlung der Firma und die Ausgrabungs- und Präparationsarbeiten zu entlocken, belastete ihn. Ohne großzügige Mäzene war ein so umfangreiches und langwieriges Unternehmen wie die Halberstadter Grabungen überhaupt nicht möglich, darin war es den Arbeiten in Trossingen durchaus vergleichbar. Ein ganzes Jahrzehnt, von 1910 bis 1920, trug der Düngemittelfabrikant Klamroth zur Finanzierung der Ausgrabungen bei. Sogar aus der Privatschatulle von Kaiser Wilhelm II. wurde die damals beachtliche Summe von 15.000 Mark beigesteuert, um das Halberstadter Unternehmen zu unterstützen. Da kann es nicht verwundern, dass sich Otto Jaekel früher oder später verpflichtet sah, seinem kaiserlichen Geldgeber einige Fundstücke vorzuführen. Zu diesem Zweck wurden im Februar 1912 zwei fast vollständige Skelette von dem Greifswalder Bildhauer Adolf von Zschock (1877–1955) und dem Schlosser Hartmann in Berlin präpariert und aufgestellt. Als Wilhelm II. sie am 12. März besichtigte, wollte es der Zufall, dass die Halberstadter Prosauropoden durch viel imposantere Skelette in den Hintergrund gedrängt wurden: Riesenknochen von *Brachiosaurus* aus der Tendaguru-expedition und ein mehr als 20 Meter langer Skelettabguss des amerikanischen Elefantenfußdinosauriers *Diplodocus,* den der Industrielle Andrew Carnegie dem Berliner Museum gestiftet hatte. Darüber kam es sogar mit Museumsdirektor Wilhelm von Branca (1844–1928) zum Streit, weil Otto Jaekel meinte, dass man die Halberstadter nicht optimal präpariert habe. Beide Kontrahenten scheuten sich nicht, ihre Meinungsverschie-denheiten in wissenschaftlichen Zeitschriften auszutragen. Nachträglich scheint der Streit ans Lächerliche zu grenzen, denn ein Blick in die „Paläontologische Zeitschrift" von 1914, in der Branca die Aufstellung der Halberstadter Dinosaurier verteidigt, zeigt, dass sich das Problem auf die Fragestellung reduzierte, ob die Plateosaurier besser vor oder hinter dem Schwanz des amerikanischen *Diplodocus* aufzustellen seien ... Vor dem Schwanz wären sie nach Jaekels Meinung besser zu sehen gewesen, aber hinter dem Schwanz waren sie nach Brancas Überzeugung vor möglichen Beschädigungen durch Besucher geschützt. Heute steht ein Halberstadter Plateosaurier in Berlin hinter dem *Diplodocus*-Schwanz, ist aber gut zu sehen. Bis 1912, als diese erste Präsentation stattfand, war die beachtliche Menge von etwa 35 Funden, darunter drei beinahe unzerstört zusam-menhängende Skelette, entdeckt und geborgen worden. Da die Präparationswerkstätten in Berlin durch die Bearbei-tung der Funde aus Ostafrika vollkommen ausgelastet waren, schickte Jaekel die Halberstadter Fossilien an die Greifswalder Universität. Dort dauerte die Präparation von 1911 bis 1918. Bei der Freilegung waren die Knochen sehr weich und empfindlich gewesen, weshalb sie mit dünnem heißen Leimwasser („russischer Leim" nach Jaekel) getränkt wurden und danach durch eine dünne Schellacklösung eine letzte Härtung erhielten. Größere Skeletteile wurden in Gips gelegt, bevor man sie aus der Grube barg. Im Rumpfteil des Skelettes Nr. 24 entdeckte Jaekels Mitarbeiterin Elisabeth Krüger einen ganzen Schädel, den Otto Jaekel selbst herauspräparierte, wobei er bemerkte, dass der Schädel noch mit allen Halswirbeln am Rumpfskelett festsaß. Durch eine geschickte Präparation konnte der Schädel unversehrt mit den ersten vier Halswirbeln vom Rumpf getrennt werden. In der Nacht nach der Präparation machte sich an den zarten Zungenbeinknochen allerdings ein Wiesel zu schaffen, das ausgerechnet dort zwei Mäuse verspeisen musste.

Das Bild, das sich Otto Jaekel von den Halberstadter Plateosauriern machte, kommt in manchen Punkten schon unseren heutigen Vorstellungen nahe: Anders als manche seiner zeitgenössischen Fachkollegen, die Dinosaurier mit seitlich gespreizten Beinen und schleppendem Gang darstellten, sah Jaekel die Plateosaurier aufrecht gehend in der Triaslandschaft. Die strittige Frage, ob *Plateosaurus* ein Räuber oder ein Pflanzenfresser war, entschied Otto Jaekel in dem Sinne, dass er die Plateosaurierzähne mit ihren aufrecht stehenden „Spitzkerben" zum Fang von größeren Insekten und zum Fressen von Früchten für geeignet hielt.

Neben der wissenschaftlichen Auswertung musste sich Jaekel aber auch nach wie vor mit dem geschäftlichen Aspekt beschäftigen: Die Bedeutung der Halberstadter Funde war europaweit anerkannt worden, so dass sich sogar ausländische Museen um den Erwerb eines Halberstadter Dinosaurier-skelettes bemühten. Ein 1910 gefundenes Skelett sollte 1913 für 15.000 Mark dem Naturhistorischen Museum in London überlassen werden, dem dieser von Jaekel geforderte Kaufpreis jedoch zu hoch erschien.

Inzwischen bestand nicht nur die Halberstadter Bürgerschaft, sondern auch der Düngemittelfabrikant Karl Klamroth (1872–1947) auf einem Exemplar für die Heimatstadt der Dinosaurier. Für die beachtliche Summe von 10.000 Mark wurde schließlich 1913 das „Londoner Skelett" erworben, wobei die Hälfte der Summe von der Stadt, der andere Anteil von einem „ungenannt bleiben wollenden Spender" (hinter dem sich Karl Klamroth verbarg) aufgebracht wurde. Otto Jaekel ließ das Skelett im Januar 1914 von einem Uhrmacher und Liebhaberpaläonto-logen vorbereiten und im Museum aufstellen. Um einen günstigeren Gesamteindruck zu erreichen, wurde dem Skelett wenige Tage vor der Übergabe der fehlende Schädel samt Unter-kiefer zurechtmodelliert.

Die Grabungen in der Tongrube waren seit 1912 immer seltener geworden, und auch Otto Jaekel kam nur noch sporadisch von Greifswald nach Halberstadt. Deshalb bemühten sich die Tongrubenbesitzer, aus dem Kontrakt mit Otto Jaekel heraus-zukommen; sie wollten in Zukunft Grabungen, Präparationen und Aufstellung in eigener Regie und in der eigenen Werkstatt durchführen. Jaekel aber blieb hart. Erst nachdem der Ritter-gutsbesitzer und Wurstfabrikant Ferdinand Heine die Tongrube übernommen hatte, wurden dem Berliner Museum ab 1923 wieder vermehrt Funde gemeldet. Daraufhin bemühten sich Professor Werner Janensch (1878–1969) und sein Präparator Ernst Siegert vom Berliner Museum um die weitere Erfor-schung der Fundstätte.

Berliner Paläontologe Werner Janensch (1878–1969).
Foto aus einem Album zur Tendaguru-Expedition
(via Wikimedia Commons),
Lizenz: gemeinfrei (Public domain)

Werner Janensch hatte die ostafrikanischen Expeditionen geleitet, und die Beschreibung der afrikanischen Dinosaurier in den Jahren zwischen 1925 und 1961 war sein Lebenswerk. Als er sich vorübergehend ab Frühjahr 1923 auf die heimischen Dinosaurier konzentrierte, gelangen ihm zusammen mit Siegert bis 1928 weitere Plateosaurierfunde, sowohl Skelette als auch vollständige Schädel. Janensch und Siegert waren deshalb davon überzeugt, dass die Arbeiter in der Grube viele Skelette bewusst zerstört hatten, um den regulären Abbau nicht durch die wissenschaftlichen Ausgrabungen zu behindern. Nun ging auch die Ära Otto Jaekels zu Ende: Nach 17 Jahren ließ er sich im Juni 1927 von seinem Vertrag entbinden. Er stellte auch die wissenschaftliche Bearbeitung der Halberstadter Funde ein.

1928 wurden deshalb die restlichen noch in Greifswald lagernden *Plateosaurus*-Funde in 24 Kisten verpackt und nach Berlin abtransportiert. Manche der Prosauropoden aus Halberstadt fanden ihren Weg in andere Museen, nach Göttingen, nach Frankfurt/Main in das Senckenberg-Museum und nach Hanau (Hessen) in das Privatmuseum Korff.

Bis Anfang der 1940er Jahre kamen noch vereinzelte Dinosaurierknochen zum Vorschein, so etwa 1938 zwei Schienbeine von 78 beziehungsweise 80 Zentimeter Länge, die zu *Plateosaurus*-Beinen von beinahe 3 Meter Höhe gehörten. Diese letzten Ausgrabungen 1937/1938 wurden von August Hemprich (1870–1946), dem Leiter des Städtischen Museums Halberstadt durchgeführt, doch dann beendeten die politischen Ereignisse nicht nur in Halberstadt die Suche nach Dinosauriern. Im Berliner Museum waren die meisten Ausstellungsstücke bereits abgebaut worden, als ein Luftangriff am 12. November 1943 auch viele Funde aus Halberstadt zerstörte.

*Arbeiter der Baereckischen Tongrube an der Straße
von Halberstadt nach Quedlinburg in Sachsen-Anhalt
stehen 1909 neben dem ersten Skelettfund eines Plateosaurus.
Foto: Archiv Museum Heineaneum, Halberstadt*

August Hemprich (1860–1946), Leiter des Halberstadter Museums,
mit einem Plateosaurus-Oberarmknochen, der 1937/1938
bei den letzten Grabungen in Halberstadt gefunden wurde.
Foto: Archiv Museum Heineaneum, Halberstadt

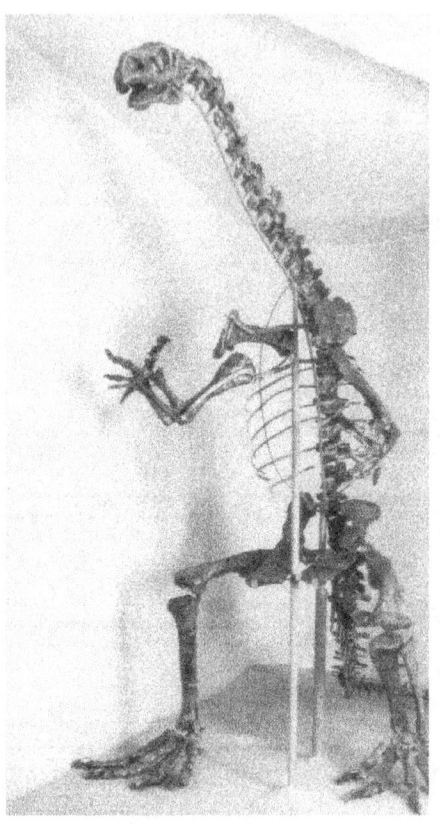

Skelettmontage eines Plateosaurus im Halberstadter Museum in zweibeiniger Haltung. Diese Haltung gilt heute als überholt. Foto: Archiv Museum Heineaneum, Halberstadt

Tabelle 5: **Die Plateosauriergrabungen in Halberstadt**

1. Grabungen: 1909–1913
   Leitung: Otto JAEKEL (1863–1929)
   Institut: Universität Greifswald
   Ausbeute: 35 Skelette, ein vollständiges, mehrere fast
   vollständige

2. Grabungen: 1923–1928
   Leitung: Werner JANENSCH (1878–1961) und
   Ernst SIEGERT
   Institut: Museum für Naturkunde, Berlin
   Ausbeute: 4 Skelette, davon ein vollständiges

3. Grabungen: Dreißiger Jahre, besonders 1937/38
   Leitung: August HEMPRICH
   Institut: Städtisches Museum Halberstadt
   Ausbeute: Ist nicht genau anzugeben, mindestens
   Einzelknochen, vielleicht auch Teilskelette

Ausbeute
insgesamt: Zwischen 39 und 50 Skelette, darunter
mindestens zwei vollständige, mehrere fast
vollständige[3]

Tabelle aus dem Buch „Dinosaurier in Deutschland" (1993)
von Ernst Probst und Raymund Windolf (1953–2010)
über die Ausbeute der Grabungen in Halberstadt (Sachsen-Anhalt)

Schädel von Plateosaurus engelhardti im „Royal Ontario Museum".
Foto: philosophygeek from San Francisco, USA / CC-BY-SA2.0
(via Wikimedia Commons),
lizensiert unter Creative-Commons-Lizenz by-sa-2.0,
https://creativecommons.org/licenses/by-sa/2.0/legalcode

Als nach dem Zweiten Weltkrieg 1953 der Sauriersaal wieder eröffnet wurde, waren die Jaekelschen Funde noch im Museumskeller. Erst 1956 wurde ein 1927 von Werner Janensch ausgegrabenes Skelett neben der Urschildkröte *Proganochelys* wieder dem Publikum präsentiert.

Die vor der imposanten Kulisse des Brockens gelegene Tongrube in Halberstadt ereilte in den 1940er Jahren das gleiche Schicksal wie die Trossinger Ausgrabungsstätte. Pflanzen überwuchsen sie und bedeckten die Erde, welche die Plateosaurier entlassen hatte, mit saftigem Grün. Zwe*i Plateosaurus*-Skelette waren in der Eingangshalle des Städtischen Museums in Halberstadt zu bewundern, bis sie 1959 erstmals im Museum Heineanum aufgestellt wurden, wo sie heute noch zu sehen sind.

Im Museum der Humboldt-Universität Berlin wurden die Halberstadter Plateosaurier in den 1990er Jahren einer neuen Präparation unterzogen, so dass auch dort ihr Dornröschenschlaf nach dem Krieg ein Ende fand.

Wie lebte *Plateosaurus?*

Die umfangreichen Funde vo*n Plateosaurus* in Trossingen, Halberstadt und anderen Orten erlauben es, von der Skelettanatomie dieses Dinosauriers ein genaueres Bild als von den meisten anderen Dinosauriern zu zeichnen. Gemessen am Schädel- und Körperskelett, ist *Plateosaurus* einer der bestbekannten Dinosaurier auf der ganzen Welt.

Die Trossinger Grabungen haben *Plateosaurus*-Schädel von großer Vollständigkeit und teilweise hervorragender Erhaltung hervorgebracht, mit denen sich der britisch-amerikanische Paläontologe Peter M. Galton ausführlich beschäftigte. 1984 und 1985 konnte er von seinen Forschungen erstaunliche Einzelheiten bekannt geben.

Galton zeigte, dass sich beim Schädel von *Plateosaurus*, von der Seite betrachtet, die Spitze des Unterkiefers, das Kinn sozusagen, ein wenig nach unten senkt. Der Schädel ist länger als hoch; vor allem von vorne gesehen, erscheint er beinahe vogelartig, und von oben betrachtet, sieht man, wie schmal er ist: gar nicht so breit und massig, wie man ihn sich bei einem so großen Dinosaurier vielleicht vorstellt.

Jeder der Schädel zeigt ein anderes anatomisches Detail: Einmal war das Ohrlabyrinth erhalten geblieben, das zarte Gehörknöchelchen der Steigbügel (Stapes), mit denen der Plateosaurier gelauscht hatte, ob sich ein Raubdinosaurier näherte. Es hatte die Jahrmillionen von der Einbettung bis heute unbeschadet überdauert.

In einem anderen Trossinger *Plateosaurus*-Schädel hatten sich die sogenannten Skleralringe besonders gut erhalten. Diese Augenringe, die auch heute bei Vögeln oder anderen niederen Wirbeltieren nachweisbar sind, bestehen aus vielen kleinen Knochenplättchen, die sich zu einem Ring zusammenlegen und über dem Augenrand die Sklera, eine Schutz- oder Sehnenhaut, vor Verletzungen bewahren sollen.

Augenringe halfen *Plateosaurus* auch, seinem inneren Augendruck ein Gegengewicht entgegenzusetzen, wenn sich die Scharfstellung der Linse änderte. 18 kleine Platten legten sich bei *Plateosaurus* zu einem Augenring zusammen.

An weiteren Schädeln ließen sich steinerne Ausgüsse des Hohlraumes finden, in dem das Gehirn lag (Endocranium), wobei nicht nur die Größe und die Gestalt des Plateosauriergehirnes erkennbar wurden, sondern auch die Ausgänge der Nerven, wie etwa der Gesichts- oder der optischen Nerven. In den geräumigen Nasenlöchern von *Plateosaurus* (und anderen pflanzenfressenden Dinosauriern) befand sich nach Meinung der polnischen Paläontologin Theresa Osmolska eine große, seitlich gelegene Drüse, die überschüssige Kaliumionen aus dem Futter der Tiere nach außen transportierte. Andere Wissenschaftler bezweifeln dies, da die Dinosaurier dann zuwenig Raum zum Atmen gehabt hätten.

Die Frage, von welcher Nahrung sich die Plateosaurier ernährten, war lange Zeit umstritten. Drei Möglichkeiten sind dabei vorstellbar:

1. *Plateosaurus* war ein Fleischfresser, der aktiv kleinere Reptilien jagte oder sich von Aas ernährte.

2. *Plateosaurus* war ein Gemischtfresser, er fraß zwar überwiegend Pflanzen, verschmähte aber keineswegs Aas oder frisches Fleisch, wenn sich ihm die Gelegenheit dazu bot.

3. *Plateosaurus* war ein reiner Vegetarier.

Seit jeher waren sich die Paläontologen in dieser Frage uneinig. 1981 flackerte die Diskussion darüber erneut auf, als der südafrikanische Paläontologe Dr. Mike Cooper die Theorie aufstellte, dass alle Prosauropoden Fleisch- beziehungsweise Aasfresser gewesen seien. Dreh- und Angelpunkt dieser – und aller vorhergehenden – Fleischfressertheorien sind die Zähne von *Plateosaurus*. Sie sehen, oberflächlich betrachtet, fast wie die eines Fleischfressers aus: An den Außenkanten sind sie mit groben Zacken versehen, die Friedrich von Huene „Spitzkerbungen" nannte, eine Bezeichnung, die sich bis heute in der englischsprachigen Fachliteratur gehalten hat.

Nach Mike Coopers Vorstoß entspann sich eine lebhafte wissenschaftliche Diskussion über die Nahrung von *Plateosaurus*, bei der Peter M. Galton schon bald eine gegensätzliche Position einnahm. Er wies darauf hin, dass die Zähnelung an den Plateosaurierzähnen grob ist und nicht so fein wie an den Zähnen fleischfressender Dinosaurier. Auch bei den durchwegs

Grüner Leguan (Iguana iguana) aus der Gegenwart.
Foto: User Arbeiterreserve / CC-BY-SA3.0
(via Wikimedia Commons),
lizensiert unter Creative-Commons-Lizenz by-sa-3.0,
https://creativec/3.0/legalcodeommons.org/licenses/by-sa

pflanzenfressenden Vogelbeckendinosauriern kennt man solche groben Zahnkerbungen. Insgesamt ähnelt der Zahntyp des *Plateosaurus* mehr demjenigen des heutigen Grünen Leguans *(Iguana iguana)*. Diese große tropische Echse aus Südamerika ist aber – zumindest als erwachsenes Tier – ein reiner Pflanzenfresser. Wie fraß *Plateosaurus* die Pflanzen? Beim Abreißen einer Portion Pflanzen berührten sich seine Zähne im Ober- und Unterkiefer nicht. Wie beim modernen Leguan wurde das Pflanzenstück lediglich abgebissen, aber in der Mundhöhle nicht weiter gequetscht, wie dies spätere Vogelbecken-dinosaurier bewerk-stelligen konnten. Von Kauen im Sinne einer Kuh oder eines Pferdes kann also bei *Plateosaurus* keine Rede sein. Er hatte noch nicht wie die modernen Säugetiere ein in Schneide-, Eck- und Backenzähne differenziertes Gebiss, sondern verfügte in beiden Kiefern nur über einen einheitlichen Zahntyp.

Wie aber konnte sich ein so gewaltiges Tier von vielen 100 Kilogramm Gewicht mit genügend Nährstoffen versorgen, wenn seine Nahrungsverwertung nicht sehr effektiv war? Denkbar ist, dass *Plateosaurus* Magensteine (Gastrolithen) zum besseren Aufschluss seiner pflanzlichen Nahrung einsetzte. Bei den Halberstadter Grabungen wurden derartige blankpolierte Steine auch in der Nähe von Plateosaurierskeletten gefunden, und von *Sellosaurus,* dem möglichen Vorläufer des „Schwäbischen Lindwurms", kennt man bei wenigstens einem Exemplar Magensteine; auch bei einem nahen Verwandten von *Plateosaurus,* dem südafrikanischen *Massospondylus,* wurden Magensteine entdeckt. Und auch die Pflanzenfresser, die später einmal die Prosauropoden ersetzen sollten, die Sauropoden, machten sich die Wirkung „mechanischer Pflanzenzerkleinerungshilfen" zunutze.

So waren also die Anpassungen der Plateosaurier an die Verwertung ihrer Pflanzennahrung zwar noch nicht so perfektioniert wie bei den später lebenden Vogelbecken-dinosauriern, aber immerhin konnten Prosauropoden mit ihrer Ernährungsstrategie 40 Millionen Jahre erfolgreich überleben. Die Evolution versuchte aber schon bei ihnen Neuerungen auszuprobieren: So scheint *Plateosaurus* bereits ein sekundäres, fleischiges Gaumendach ausgebildet zu haben, eine wichtige Entwicklung, wenn die Tiere gleichzeitig fressen und atmen wollten. Primitive Reptilien, bei denen der Mund voll Pflanzen ist, müssen die Nahrung sofort herunterschlucken, wenn sie Luft holen wollen. Das längere Verweilen der Nahrung im Mundraum kann *Plateosaurus*, wie schon erwähnt, auch durch fleischige Backen ermöglicht worden sein. Speziell angeordnete kleine Gefäßöffnungen an den Kieferknochen von *Plateosaurus* verraten, dass er solch fleischige Backen besessen haben muss, wenn auch noch nicht in dem Ausmaß wie später die Vogel-beckendinosaurier. Immerhin konnte dadurch die Nahrung bereits im Mundraum von den im Speichel vorhandenen Enzymen aufgeschlossen und vorverdaut werden.

Die Kiefer von *Plateosaurus* ließen sich aber noch nicht seitlich hin und her bewegen, wie man das so schön beim Wiederkäuen der Kühe beobachten kann.

Nach seinem Zahntyp und nach der Gelenkung seiner Kiefer, die unterhalb des Niveaus seiner ständig nachwachsenden Zahnreihen liegt und eine spezielle Anpassung an die pflanzliche Nahrung gewesen zu sein scheint, war *Plateosaurus* eindeutig ein Pflanzenfresser (Herbivore). Dass er aber trotz-dem ab und zu geringe Mengen an fleischlicher Nahrung zu sich genommen hat, kann nicht ganz ausgeschlossen werden. So weiß man beispielsweise von Landschildkröten, die eindeutig als Pflanzenfresser gelten, dass sie ihre überwiegend „grüne

Speisekarte" bisweilen mit Schnecken und Regenwürmern, ja
sogar mit Aas erweiterten. Ohne Zweifel standen die Plateosaurier mit anderen pflanzenfressenden Reptilien im Kon-
kurrenzkampf. Doch die Plateosaurier konnten sich gegen sie
immer besser behaupten. Peter M. Galton hält sie sogar für die
beherrschenden Pflanzenfresser ihrer Zeit und die erste große
pflanzenfressende Gruppe, welche die Dinosaurier ent-
wickelten. Das Schicksal, von besser angepassten und aus-
gerüsteten Pflanzenfressern verdrängt zu werden, blieb den
Plateosauriern allerdings auch nicht erspart, als zu Beginn der
Jurazeit erste Sauropoden und Vogelbeckendinosaurier auf-
tauchten.
War der evolutive Erfolg von *Plateosaurus* durch seine Größe
bedingt? Aufrecht auf den Hinterbeinen stehend, konnte er
sich in 5 bis 6 Meter Höhe neue Nahrungsquellen erschließen,
die für andere Reptilien in der ausgehenden Triaszeit
unerreichbar waren. Neben den hoch oben wachsenden Blättern
scheinen Plateosaurier fleischig-saftige Früchte und Blüten-
stände von Palmfarnen vom Boden bis in 1 Meter Höhe und
Fruchtstände von bärlappartigen Gewächsen bis in Höhen von
3 Metern verzehrt zu haben.
Der tonnenförmige Brustkorb und das breite, schürzenförmige
Schambein der Plateosaurier sprechen dafür, dass sie einen
geräumigen Verdauungsapparat entwickelt hatten. Auf diese
Art und Weise probierten die Plateosaurier ein Körper-
bauschema aus, das von den nachfolgenden Sauropoden der
Jurazeit noch perfektioniert wurde: Der kleine Kopf saß an
einem langen Hals, wodurch, ähnlich wie später von den
Giraffen, Blätter, Triebe und Früchte erreicht werden konnten,
die in dem mächtigen Leib von Steinen zerrieben wurden.

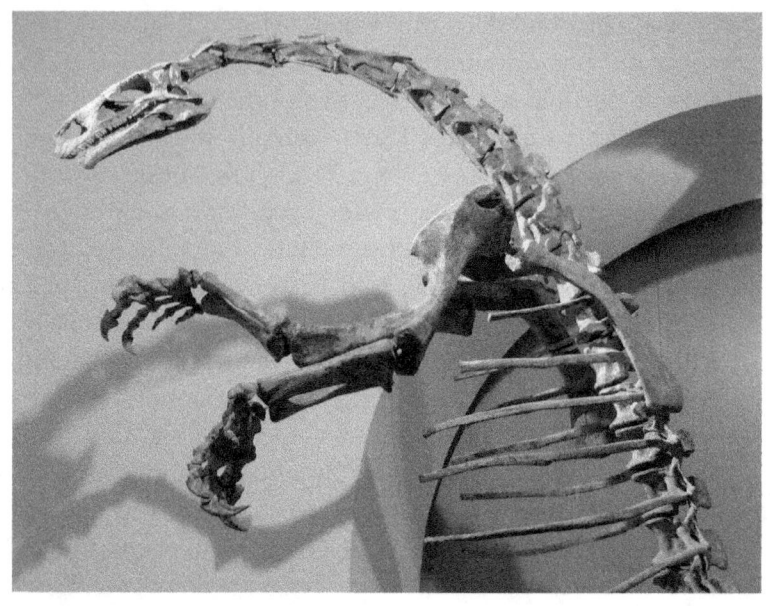

*Skelettrekonstruktion von Plateosaurus engelhardti
in falscher aufrechter Haltung
im „Naturkundemuseum im Ottoneum", Kassel.
Foto: Jens Lallensack / CC-BY-SA2.5,
lizensiert unter Creative-Commons-Lizenz by-sa-2.5,
https://creativecommons.org/licenses/by-sa/2.5/legalcode.de*

Stehen, gehen, rennen – zwei- oder vierbeinig?

In älteren Abbildungen und Skelettrekonstruktionen wird
Plateosaurus stets als ein auf den kräftigen Hinterbeinen stehender
Zweibeiner abgebildet. In der Tat sind seine Hinterextremitäten
deutlich länger und kraftvoller ausgebildet als seine Arme, aber
zum anderen haben die Arme auch nicht die Reduktion
erfahren, wie dies bei manchen Raubdinosauriern oder
Vogelfußdinosauriern (Ornithopoda) der Fall war. So liegt es
nahe, anzunehmen, dass *Plateosaurus* auch seine Vorder-
extremitäten zum Gehen benutzte. Ein Blick auf die Hände
von *Plateosaurus* zeigt, dass er fünf Finger besaß, die von außen
nach innen an Größe zunahmen. Auffälligstes Merkmal ist dabei
der innerste Finger, der „Daumen", der eine enorm vergrößerte
und scharf gebogene Kralle trug. Über die Funktion dieser für
Prosauropoden so typischen Kralle ist viel spekuliert worden.
So lange *Plateosaurus* noch als Fleischfresser galt, hatte sie eine
angreifende Funktion. Da er aber heute als Pflanzenfresser
akzeptiert wird, entfällt diese Möglichkeit. Auch die späteren
Sauropoden trugen zum Teil große Innenkrallen an ihren
Vorderfüßen, und unter den heutigen Tieren hat ausgerechnet
das friedfertige Faultier riesige Krallen (die ihm allerdings zum
Klettern dienen). Viel wahrscheinlicher war die Kralle eine
Verteidigungswaffe, denn wenn sich *Plateosaurus* auf den
Hinterbeinen aufrichtete, konnte er sich mit ihr seiner räuberischen Zeitgenossen wie *Liliensternus* erwehren. Denkbar ist
aber auch, dass *Plateosaurus* mit der Daumenkralle Äste zu
seinem Mund zog, um sie abzuweiden, oder mit ihr nach
Fressbarem im Boden grub.
Beim Gehen auf allen vieren berührte die Kralle am großen
inneren Finger wohl nicht den Boden, sondern wurde nach
innen oben gezogen. Das Hauptgewicht des Körpers lag auf

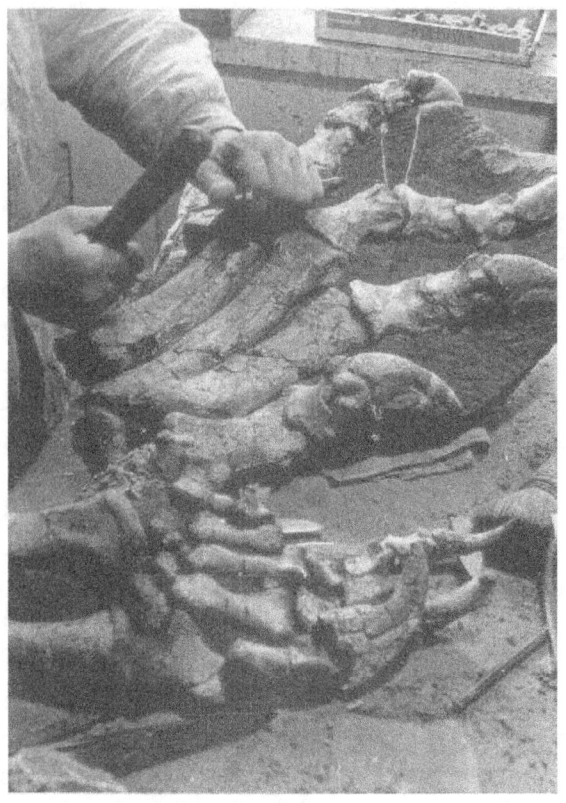

Am Hinterfuß des Plateosaurus sind kräftige Krallen zu erkennen.
Foto: Staatliches Museum für Naturkunde, Stuttgart

dem zweiten und dritten Finger, während der sehr kleine fünfte Finger den Boden gar nicht berührte.

Der Fuß von *Plateosaurus* war ebenfalls mit fünf Zehen versehen, von denen die innerste die kleinste war und den Boden ebenfalls nicht berührte. Die anderen Zehen sind praktisch gleich lang. Durch seine Breite und wegen der Zehen von gleicher Länge erscheint der *Plateosaurus*-Fuß recht primitiv und erinnert an den Bau des Fußes früher Krokodile oder anderer urtümlicher Reptilien.

Vieles spricht dafür, dass *Plateosaurus* sowohl vier- als auch zweifüßig ging – je nach erforderlicher Situation. Die meiste Zeit wird er vierfüßig (quadruped) gegangen sein; wenn er sich aber schneller bewegen oder gar flüchten wollte, erhob er sich auf die Hinterbeine. Ein Tier von 1 bis 2 Tonnen Gewicht kann man sich nur schwerlich als leichtfüßigen Läufer vorstellen, und einige Paläontologen haben auch aus der Gelenkung des Oberschenkelknochens in der Hüftgelenk-pfanne abgeleitet, dass der Knochen beim Lauf „ausgekugelt" wäre.

Die zweibeinige Fortbewegungsweise von *Plateosaurus* ist unter den Paläontologen umstritten: Während manche meinen, dass er beim zweibeinigen Lauf seinen Rücken fast waagerecht hielt, haben andere Wissenschaftler wie der Argentinier José F. Bonaparte an südamerikanischen Prosauropoden berechnet, dass die Tiere beim Lauf auf den Hinterbeinen durch das Gewicht des langen Halses vornüber gekippt wären.

Bis heute hat man von *Plateosaurus* keine fossilen Fährten gefunden, aber im südafrikanischen Lesotho wurden Fuß-abdrücke entdeckt, die von Verwandten der Plateosaurier zu stammen scheinen. Auf jeden Fall kann man davon ausgehen, dass die Plateosaurier ihre Schwänze nicht schwerfällig am Boden hinter sich nachschleiften, wie das früher – und leider auch heute noch manchmal – in vielen Büchern gezeigt wurde. Die von Reinhold Seemann 1941 als „Schwanzschlagspuren" interpretierten Strukturen im Trossinger Gestein konnten im nachhinein nicht bestätigt werden. Dass der Schwanz die Funktion einer Stütze, eines dritten Beines einnahm, wenn sich der Prosauropode zum Fressen auf die Hinterbeine stellte, erscheint allerdings durchaus vorstellbar. Waren die Plateosaurier soziale Tiere, die in Herden lebten? Ihre Fundhäufigkeit lässt dies vermuten. Ob sie jedoch eine so hochorganisierte Sozialstruktur oder gar Brutpflege kannten, wie dies für nordamerikanische Entenschnabeldinosaurier bewiesen werden konnte, muss bei einem relativ primitiven Dinosaurier wie *Plateosaurus* eher bezweifelt werden. Seit etwa 1980 kennt man aus dem südafrikanischen Oranjefreistaat ein Gelege aus sechs Eiern, das von Prosauropoden stammt, und in Südamerika wurde 1979 das nur handtellergroße Skelett eines Prosauropodenschlüpflings gefunden, so dass wir uns vorstellen können, wie die Jugendentwicklunng von *Plateosauru*s ausgesehen haben könnte.

Trotz dieser Lücken hat sich unser Wissen über *Plateosaurus* seit seiner Entdeckung so verbessert, dass er mit Abstand der am besten erforschte Dinosaurier auf deutschem Boden ist. Bisher ist *Plateosaurus* ein mitteleuropäischer Dinosaurier: Neben den deutschen Funden kennt man seine Überreste lediglich aus der Gegend von Poligny im östlichen Frankreich und aus dem nördlichen Schweizer Alpenvorland.

Mit welchen Tieren lebte *Plateosaurus* zusammen?

Durch die Beschreibungen und Arbeiten von Friedrich von Huene, Otto Jaekel, Eberhard Fraas und anderer Wissenschaftler kann man heute ein recht genaues Bild der Fauna zeichnen, die *Plateosaurus* begleitete. Danach lebten in der Oberen Trias nicht nur Dinosaurier, sondern auch urtümliche Schildkröten und Amphibien, aber es gibt auch bereits erste Hinweise auf Säugetiere.

In Trossingen und Halberstadt sind neben den Plateosauriern ähnlich bedeutsame Reptilien ans Tageslicht gekommen, nämlich die ältesten Schildkröten der Erde. Zwar kennt man inzwischen auch aus Thailand, Südafrika und sogar Grönland vergleichbar alte Schildkröten, aber die deutschen Funde sind die besterhaltenen und umfangreichsten. Neben der bisher nur aus der Trias Deutschlands bekannten Schildkröte *Proterochersis* war die geologisch jüngere, bis zu 1 Meter lange *Proganochelys quenstedti* eine Zeitgenossin der ersten Dinosaurier. Die ersten Knochen wurden bereits bei der zweiten Plateosauriergrabung aus dem Gestein geholt, doch die bedeutsamsten Funde gelangen erst 1932, als Reinhold Seemann mehrere Skelette und Panzer fand, dabei auch das bisher vollständigste triassische Schildkrötenskelett. Wie eng die Grabgemeinschaft von Plateosauriern und Urschildkröten war, zeigt sich daran, dass in die Hohlformen der versteinerten Schildkrötenpanzer infolge der Kompression des Gesteines Plateosaurierrippen hineingedrückt wurden. Ob Dinosaurier und Schildkröte allerdings die gleichen Biotope bewohnten oder ob ihre Skelette nur zufällig zusammengeschwemmt wurden, bleibt bisher ungeklärt.

Auch in Halberstadt fanden sich Schildkrötenreste, darunter 1912 das allererste, einigermaßen vollständige einer Trias-

Die „Vorher-Schildkröte" Proganochelys quenstedti
war eine Zeitgenossin der ersten Dinosaurier.
Foto: Ghedoghedo / CC-BY-SA3.0 (via Wikimedia Commons),
lizensiert unter Creative-Commons-Lizenz by-sa-3.0,
https://creativecommons.org/licenses/by-sa/3.0/legalcode

Schildkröte, die sich später als die gleiche Art wie die in Trossingen gefundenen herausstellte.

Neben den Urschildkröten bevölkerten noch andere Reptilien die Halberstadter Landschaft. Ein 1949 von Werner Janensch beschriebenes kleines Reptil namens *Elachistosuchus* entpuppte sich als Vertreter einer Reptilgruppe, die heute nur noch in Neuseeland existiert: Brückenechsen. Krokodilähnliche Phytosaurier („Pflanzenechsen") lagen mit ihren schuppigen Körpern in Wasserstellen, in denen auch Huenes zwei Amphibiengattungen hausten: *Cyclotosaurus* und *Plagiosaurus*. Auch Süßwassermuscheln und eine Süßwasserschnecke beweisen, dass es größere oder kleinere Wasserflächen in der Umgebung gegeben haben muss, an denen die Plateosaurier ihren Durst stillen konnten.

Neben den Urschildkröten ist noch ein weiterer Fund aus den Halberstadter Plateosauriergrabungen von weltweiter Bedeutung für die Wirbeltierkunde. Während der Präparation eines Plateosauriers erkannten wache Augen einen kleinen Zahn, dessen Höcker und Fältelungen für die Paläontologen eine kleine Sensation in der Evolution der Wirbeltiere darstellten. 1973 konnten sie nämlich möglicherweise mitteilen, dass zu Füßen der meterhohen Reptilienriesen bereits jene schon behaarten Vorläufer unseres eigenen Menschengeschlechtes lebten! Der Zahn wurde einem urtümlichen Säugetier mit dem Namen *Thomasia* aus der Familie der Haramiyidae zugeordnet und stellte zeitweise den ältesten Säugetierfund der Welt dar.

Für die nächsten 150 Millionen Jahre mussten unsere nicht einmal katzengroßen Vorläufer ein Leben im verborgenen führen, im Schatten der Giganten, bis ihre große Stunde am Beginn der Erdneuzeit schlug. Dieser kleine Säuger aus der Zeit der Plateosaurier musste sich zweifellos vor Raub-

Zwei 1928 nach Anweisung von Friedrich von Huene
aufgebaute Originalskelette von Plateosaurus engelhardti
aus Trossingen in der Paläontologischen Sammlung
der Eberhard-Karls-Universität in Tübingen.
Fotos: Funk Monk / CC-BY-SA3.0 (via Wikimedia Commons),
lizensiert unter Creative-Commons-Lizenz by-sa-3.0
https://creativecommons.org/licenses/by-sa/3.0/legalcode

dinosauriern und anderen fleischfressenden Reptilien in acht nehmen, aber es gelang ihm und seinen Nachfahren, die hohe Zeit der Dinosaurier unbeschadet zu überstehen.

Der rätselhafte Tod der Plateosaurier

An manchen Fundstellen kommt *Plateosaurus* in großen Individuenzahlen vor, so in Trossingen, in Halberstadt und auch im nordbayerischen Ellingen. Seit der Entdeckung dieser „Dinosaurierfriedhöfe" haben sich Wissenschaftler Gedanken darüber gemacht, wie die gewaltigen Knochenansammlungen entstanden sind. Waren die Plateosaurier an Ort und Stelle gestorben, hatte der Tod eine ganze Herde ereilt – oder waren ihre Leichen von einem Fluss an den Fundort transportiert worden und vermittelten nur nachträglich das Bild eines Herdenlebens?

Eberhard Fraas glaubte 1913, die lebensechte Haltung des ersten Trossinger Plateosaurierskelettes sei auf einen Tod des Tieres durch Versinken in jahreszeitlich sich mit Wasser füllenden Schlammflecken zurückzuführen, und übertrug diese Vorstellung auf die gesamten Trossinger Funde. Otto Jaekel kümmerte sich bei den Halberstadter Tieren mehr um die Beschreibung ihrer Knochen; die Tatsache, dass alle Skelette auf dem Bauch lagen und dass die hinteren Skeletthälften wesentlich häufiger vertreten waren als die vorderen, fiel ihm nicht auf.

Die meiste Anstrengung zur Lösung dieses paläontologischen Problems wandte der Altmeister der deutschen Dinosaurierforschung, Friedrich von Huene, auf. In seinen noch heute berühmten Veröffentlichungen publizierte er zwischen 1923 und 1929 mehrere Aufsätze, in denen er Leben und Sterben der Trossinger Trias-Dinosaurier schildert. Seine

Plateosaurierherden beim Durchqueren der Wüste,
eine oft gezeigt Darstellung
nach einem Entwurf von Friedrich von Huene.

Überzeugungen flossen auch in ein Diorama ein, das er im Geologisch-Paläontologischen Institut in Tübingen aufstellen ließ. Es zeigt zwei in Lebenshaltung stehende Plateosaurierskelette und am Boden Knochen in Fundlage in einer wüstenähnlichen Landschaft mit Sanddünen. Die Theorien Friedrich von Huenes wurden durch den Maler Gustav Biese in Gemälde umgesetzt, die über viele Jahrzehnte hinweg sowohl in populären als auch in wissenschaftlichen Veröffentlichungen vertreten waren. Friedrich von Huene hielt den Knollenmergel für ein Produkt des Windes, also abgelagerten Sand. Er ging davon aus, dass *Plateosaurus* in dieser Landschaft in ganzen Herden über wüstenhaft trockene Landstriche zog, um zu weiter entfernt liegenden Weidegründen zu gelangen. Diese Wanderungen hätten jeweils jahreszeitlich stattgefunden. Da die Wüste über 100 Kilometer breit gewesen sei, dürfte die Wanderung sehr anstrengend gewesen sein und forderte unter den Plateosauriern Opfer. Vor allem halb ausgetrocknete und mit Schlamm angefüllte, jahreszeitlich nasse Tümpelbecken hätten dabei als wahre „Plateosaurierfallen" gewirkt. Die wandernden Reptilien mussten sie weiträumig umgehen, andernfalls drohten sie darin zu versinken. Vor allem junge, geschwächte Plateosaurier wären dabei vor Durst umgekommen. Nach Huenes Überzeugung lebten die Plateosaurier auf einer Hochebene, die vom Ufer des obertriassischen deutschen Binnenmeers durch einen breiten Wüstenstreifen getrennt war. Die darin enthaltenen Becken wurden durch Regengüsse mit Wasser gefüllt, das infolge einer wasserundurchlässigen lehmigen Schicht darunter in Tümpeln stehen blieb. Die Sonne trocknete mit der Zeit die Tümpel aus, und Winde deckten die gefährlichen Schlammlöcher mit dem Sand und Staub der Wüste zu, so dass sie von den Plateosauriern nicht erkannt werden konnten.

Am Meeresufer, wohin die Plateosaurier zogen, gab es genügend Futter. Der jahreszeitliche Rhythmus der von Huene angenommenen Wanderungen führte die Plateosaurier sowohl auf dem Hin- als auch auf dem Rückweg an den gefährlichen Tümpeln vorbei, deren zäher Lehm drohte, sie gefangen zu halten. Huene berechnete sein Szenario mit akribischer Genauigkeit: Um die 100 Kilometer Wüstenstrecke zu durchwandern, hätten die Plateosaurier zwei Nächte benötigt, weil sie die für sie tödliche Tageshitze mieden. In der Dunkelheit drohte ihnen aber Gefahr von den Schlammfallen. Die Wanderzeit hatte Friedrich von Huene anhand eines relativ kleinen Plateosauriers mit 1,30 Meter langen Hinterbeinen berechnet, mit denen dieser einen Meter lange Schritte machte. In einer Minute sollte das Tier durchschnittlich 120 Meter zurückgelegt haben. Huene summierte diese Distanz zu 7,2 Kilometern in einer Stunde und zu 90 Kilometern in 12 Stunden. Eine derartige Wegstrecke wäre jedoch ein unglaublicher Gewaltmarsch gewesen, der viele Opfer gefordert hätte. Die Plateosaurier dürften sich diesen Anstrengungen kaum ausgesetzt haben. 1928 schilderte Friedrich von Huene in bildhafter Sprache seine Vorstellungen über den Tod der Plateosaurier: „So sieht der lebhaft die Beobachtungen kombinierende Geist in der von parallelen roten Staubwehen bedeckten, trockenheißen Wüste unter sengender Sonne eine Horde aufrecht schnell dahinschreitender Plateosaurier nach Osten streben. Dort hebt sich am klaren Himmel in duftigem Blau die Linie des fernen Berglandes. Hoch ragen die Hälse der Tiere mit den kleinen Köpfen und den stechenden Augen. Sobald eine der niedrigen Staubwehen übersprungen werden muß, bewegen sich die Hälse taktmäßig vor- und rückwärts, wie etwa Hühner das beim Gehen tun, und die langen starken Schwänze schlagen in die Luft zur Erhaltung des Gleichgewichtes. Eine rötliche

Staubwolke folgt der schnellen Schar. Andere Staubwolken da und dort lassen ähnliche Herden vermuten, die auch dem Gebirge zueilen. Auf einer dunklen, vor kurzem noch feuchten, niedrigen Fläche liegt ein frischer Kadaver eines gefallenen Plateosauriers und nicht weit davon ein halb verwehtes gebleichtes Skelett, aber da die letzte Herde darüber weggeschritten ist, sind manche der Knochen verschleppt und liegen zerstreut umher. Pflanzen fehlen dem fremdartigen Bild, nur wenige vertrocknete Pilze stehen am Rand der dunklen, ehemals feuchten Fläche mit dem Kadaver."

Wissenschaftlich wollte Friedrich von Huene seine Theorie durch die Annahme kleiner Sanddünen untermauern, die in Trossingen fossil gefunden worden sein sollten, und durch den rückwärts gekrümmten Hals mancher Skelette, der durch Austrocknung und Schrumpfung der Sehnen im Wüstenklima bedingt erschien.

Seine Vision von den wüstenwandernden Plateosauriern verkündete der Tübinger Paläontologe erstmals anlässlich einer in seiner Heimatstadt abgehaltenen Tagung der Paläontologischen Gesellschaft. Was lag bei so einer Gelegenheit näher, als mit der damals versammelten Elite der internationalen Paläontologie einen Spaziergang entlang der Grabungsstellen abzuhalten, deren Gesteine unter anderem die Plateosaurier viele Jahrmillionen beherbergt hatten? Die mit der Eisenbahn nach Trossingen angereisten Wissenschaftler hielten sich eineinhalb Stunden an der „Oberen Mühle" auf und ließen sich von Huene über den Ausgrabungsverlauf und die Präparation der Funde berichten. Friedrich von Huene wies bei dieser Gelegenheit auch darauf hin, dass ihn die Fundlage und -verteilung sehr an die der Büffelskelette erinnere, die er bei seinem Besuch im Mittleren Westen Nordamerikas 1911 zu sehen bekommen hatte.

Ungarischer Paläontologe
Franz Baron von Nopcsa (1877–1933).
Foto: Porträt vor 1933

Huenes Darlegungen wurden abends im Schwenninger Lokal „Adler" heftig diskutiert. Wissenschaftler aus Schweden, Österreich, Ungarn und Deutschland beteiligten sich an der Diskussion über den rätselhaften Tod der Plateosaurier. Der ungarische Paläontologe Franz Baron von Nopcsa (1877–1933) meinte, dass Schlammfallen nur in einer Steppe, nicht aber in einer Wüste vorkämen, und verglich die Plateosaurier mit Pferden, die er selbst im Ersten Weltkrieg in Albanien so sterben sah. Ein schwedischer Paläontologe warf ein, dass die Büffelskelette, die Friedrich von Huene zum Vergleich an-geführt hatte, in Wirklichkeit von Tieren stammten, die von Zügen aus erschossen worden wären, und deswegen auf keinen Fall mit den Plateosaurierskeletten verglichen werden könnten. Der österreichische Paläontologe Othenio Abel (1875–1946) argumentierte schließlich, dass die Plateosaurier nicht an Ort und Stelle gestorben seien, sondern an den Fundort transportiert worden wären. Auf jeden Fall zeigte die Diskussion vom Abend des 12. August 1922, dass die Vorstellungen von Huene zur rätselhaften Todesursache der Plateosaurier keineswegs unum-stritten waren..

Der nächste Wissenschaftler, der sich mit den Todesumständen der Plateosaurier befasste und sie zu ergründen suchte, war Reinhold Seemann, der die letzten Trossinger Grabungen geleitet hatte. Seemann bestritt die Aussage von Huene, dass die Knollenmergel vom Wind abgelagerte Sande seien, und schrieb ihnen eine Entstehung unter Beteiligung von Wasser zu. Die „Dünen", die Huene gesehen haben wollte, waren in Wirklichkeit tektonische Deformationen. Auch Reinhold Seemann fiel auf, dass Schädel, Schultergürtel und Vorder-gliedmaßen der Dinosaurier im Vergleich zu den hinteren Körperteilen unterrepräsentiert waren. Die hinteren Skelett-partien waren auch noch viel häufiger im natürlichen Verband

Österreichischer Paläontologe
Othenio Abel (1875–1946).
Foto: Porträt vor 1946

erhalten. Die meisten der gefundenen Knochen und die eher vollständigen Skelette lagen weniger in einer horizontalen Anordnung vor, wie sie bei Fossilfunden häufig vorkommt, sondern eher in einer dreidimensionalen Ausrichtung. Besonders bemerkenswert war auch, dass alle kompletten Skelette, einschließlich der Urschildkröten, mit der rechten Seite nach oben lagen. Reinhold Seemann entwickelte 1922 aus diesen geologischen und paläontologischen Befunden eine neue Theorie: Die Plateosaurier hatten sich in einer trockenen (ariden) Umgebung um die letzten Wasserlöcher versammelt, so wie man dies heute aus Afrika kennt, wo in der Trockenzeit in den kleinsten Pfützen Fische, Schildkröten und Krokodile überleben, während aus der weiteren Umgebung Elefanten, Löwen oder Gazellen zum Trinken herankommen. Ganz ähnlich sollte man sich nach Seemanns Interpretation die Situation in der deutschen Trias vorstellen. Die durstigen Plateosaurier drangen an den Rand der Wassertümpel vor und wagten sich, um ihren Durst zu löschen, immer weiter in den Schlamm; vielleicht wurden sie auch von nachdrängenden Tieren unfreiwillig dorthin geschoben? Plötzlich staken sie mit ihren Hinterbeinen fest. Nur die jüngsten und leichtesten Plateosaurier konnten sich wieder befreien, während die älteren Tiere auf den Hinterbeinen sitzend ihrem Schicksal – Verhungern und Verdursten – entgegensehen mussten.

Fast 50 Jahre beschäftigte sich danach niemand mehr mit dem Rätsel der Plateosaurier. Erst Anfang der 1980er Jahre wurde neues Interesse signalisiert: In Tübingen fand ein internationales Paläontologen-Treffen statt, und dort begannen jüngere Wissenschaftler aus dem englischsprachigen Raum, sich für dieses Thema zu interessieren. David B. Weishampel von der Universität in Baltimore veröffentlichte 1984 eine Analyse der Trossinger Funde, wobei er es bemerkenswert fand, dass die

Fund Nr. 33: Plateosaurus-Skelett ohne Schädel in der Fundlage,
wie es 1932 in Trossingen ausgegraben wurde.
Foto: Funk Monk / CC-BY-SA3.0 (via Wikimedia Commons),
lizensiert unter Creative-Commons-Lizenz by-sa-3.0,
https://creativecommons.org/licenses/by-sa/3.0/legalcode

Plateosaurierskelette innerhalb eines Abstandes von 10 Metern in zwei voneinander getrennten Schichten gefunden worden waren. Die rotgefärbte „untere Knochenschicht" ist etwa 2 Meter dick, innerhalb des oberen Meters wurden in ihr bis zu 50 Plateosaurierindividuen entdeckt! Eine 30 Zentimeter bis 2,20 Meter mächtige Schicht trennt die untere von der „oberen Knochenschicht". Ihr dunkelrot und grünlich gefärbter Knollenmergel enthält nicht annähernd so viele vollständige Skelette wie die darunter liegende Schicht. David Weishampel untersuchte, welches Alter die Tiere hatten, die in den voneinander getrennten Schichten abgelagert worden waren. Er kam zu der Überzeugung, dass in der „unteren Knochen-schicht" eine Katastrophe stattgefunden haben musste; ein gewaltiger Schlammstrom hatte Plateosaurier gleichen Alters mit sich gerissen! Anders dagegen in der „oberen Knochen-schicht". Hier schien ein ganz normales Sterben der Plateosaurier ohne äußere Einflüsse vor sich gegangen zu sein.

Um herauszufinden, wie alt die Trossinger Plateosaurier waren, orientierte sich Dr. Weishampel am Oberschenkelknochen (Femur). An diesem fast immer vorhandenen Teil des Skeletts ließ sich nicht nur die absolute Größe messen, sondern auch andere anatomische Landmarken, die im Zusammenhang mit der Muskel- und Sehnenbefestigung stehen. Der kleinste Oberschenkelknochen war 55,3 Zentimeter lang. Tiere, die unter diesem Wert lagen, waren wohl jugendliche Exemplare. Die größten Oberschenkelknochen gehörten zu den alten und wahrscheinlich ausgewachsenen Individuen. In der „oberen Knochenschicht" von Trossingen wurden Oberschenkel-knochen von einem Meter Länge entdeckt, und auch Otto Jaekel erwähnt aus Halberstadt unter der Bezeichnung „Fund 18" einen solch meterlangen Oberschenkel, der zweifellos von

Stuttgarter Paläontologe Dr. Rupert Wild
mit dem Schädel eines Krokodilssauriers (Nothosaurus kapffi)
aus Stutttgart-Heslach.
Foto: Staatliches Museum für Naturkunde, Stuttgart

einem „Plateosaurierbullen" oder einer „Plateosaurierkuh" stamme. Die Messungen von Dr. Weishampel führten zu einem überraschenden Ergebnis: Es stellten sich auffällige Unter-schiede heraus. Hatte es in Trossingen also doch zwei Plateo-saurierarten gegeben und nicht nur *Plateosaurus engelhardti?* Der amerikanische Wissenschaftler hält dies eher für unwahr-scheinlich. Er sieht in den Unterschieden vielmehr einen Hinweis auf die Geschlechtszugehörigkeit der Plateosaurier. Eine Konsequenz aus dieser Erkenntnis wäre dann aber, dass sich männliche und weibliche Tiere möglicherweise in unterschiedlicher Art fortbewegt haben müssen, denn dies legen die anatomischen Befunde nahe! Erst weitere und umfang-reichere Messungen werden dieses unter den Paläontologen umstrittene, aber interessante Phänomen interpretieren können.

In den letzten Jahren hat sich gezeigt, dass die Diskussionen über die Hintergründe des Plateosauriersterbens nach wie vor kontrovers geführt werden. Dr. Rupert Wild vom Stuttgarter Naturkundemuseum nimmt dabei eine andere Stellung ein als etwa der in Bonn arbeitende Paläontologe Dr. Martin Sander. Wild schreibt 1987, dass die Plateosaurier von einem im Keuper im Südosten gelegenen Hochland in die Ebene bei Trossingen gespült worden seien. Dr. Wild, der als der beste Kenner der südwestdeutschen fossilen Reptilienfunde gilt, befindet sich damit im Einklang mit Schweizer Fachkollegen, die die Pla-teosaurierfunde aus der Ortschaft Frick östlich von Zürich bearbeitet haben. Auch sie sehen das im Nor (etwa 228 bis 208,5 Millionen Jahre) im Bereich der heutigen schwäbisch-bayerischen Hochebene sich bis nach Böhmen erstreckende „Vindelizische Land" als Heimat der Plateosaurier an. Nach Rupert Wilds Überzeugung beweisen geologische Befunde, dass eine riesige Überflutung, beinahe eine „triassische Sintflut", im Mittleren Keuper im Stubensandstein Kadaver von Urschildkröten und Plateosauriern mit sich gerissen und sie in einem großen Binnensee im Trossinger und Nordschweizer Bereich abgelagert hatte. Zu einem anderen Schluss kommt Dr. Sander 1991 in einer Untersuchung, in der er drei Plateosaurierfundstellen, zwei in Deutschland (Trossingen und Halberstadt) und eine in der Schweiz (Frick), miteinander vergleicht. Die drei Fundstellen haben gemeinsam, dass sich auf ihnen, verstreut auf vielen tausend Quadratmetern, zahlreiche komplette und unvollständige Plateosaurierreste abgelagert haben. Dr. Sander nennt sie „Plateosaurierknochenlager" (Bonebeds). Die Tatsache, dass viele der Skelette in einer aufrechten Position gefunden wurden, sieht Martin P. Sander als Beweis dafür an, dass die Skelette nach dem Tod der Plateosaurier nicht weiter verfrachtet wurden, sondern die Trias-Riesen an Ort und Stelle starben.

Der Bonner Wissenschaftler griff dabei wieder auf die Theorie von den Schlammfallen zurück. Flache Untiefen, mit Schlamm gefüllt, hätten gereicht, die Tiere festzuhalten, da die Plateosaurier die schwersten Tiere ihrer Zeit waren.

Als die Tiere im Schlamm versanken, wurden sie von kleinen, wendigen Fleischfressern (Theropoden) angegriffen, die sich wegen ihres geringeren Gewichtes auf eine angehärtete Schlammoberfläche wagen konnten. Dort konnten sie abwarten, bis die Plateosaurier so entkräftet waren, dass sie mit ihren Daumenkrallen den Gelegenheitsräubern nicht mehr gefährlich werden konnten. Beim Anfressen der Plateosaurier fielen den Theropoden Zähne aus, und in der Tat fanden sich sowohl in Halberstadt als auch im schweizerischen Frick ihre gesägten Fleischfresserzähne. Martin P. Sander erwähnt auch einen solchen Zahn aus Trossingen, der von den räuberischen Dinosauriern wie *Liliensternus* stammen könnte. Auch die

Tatsache, dass von den Plateosauriern überwiegend hintere Skeletteile erhalten geblieben sind, ist für Martin P. Sander erklärlich: Demnach waren Oberkörper und Schädel von den Raubdinosauriern abgefressen worden, als die mächtigen Pflanzenfresser hilflos auf den Hinterbeinen in ihren Schlammfallen hockten. Ganz junge Tiere fehlten in den „Plateosaurierfriedhöfen", weil sie nicht wie die erwachsenen Tiere im Schlamm versunken waren, da der Druck ihres Körpergewichtes auf die Hinterfüße noch nicht so groß war. Sander berechnete, dass ein 8 Meter langer Plateosaurier etwa 2,2 Tonnen wog. Auf den Flächen seiner beiden Hinterfüße – zusammengerechnet 1344 Quadratzentimeter – lastete ein Gewichtsdruck von 162 Kilo-Newton pro Quadratmeter. Ein Gewicht, welches das eines Elefanten oder gar des gewaltigen Fleischfresser*s Tyrannosaurus* übertraf. Die erwachsenen Plateosaurier mussten deshalb fast zwangsläufig nach Sanders Theorie in den ausgedehnten Schlammbereichen versinken.

Beide Hypothesen, welche die Massenfunde an bestimmten Orten erklären wollen, können überzeugende Argumente vorweisen. Eine endgültige Klärung der Frage nach dem rätselhaften Tod der Plateosaurier wird aber – so scheint es zumindest vom heutigen Standpunkt aus betrachtet – noch einige Wissenschaftlergenerationen beschäftigen.

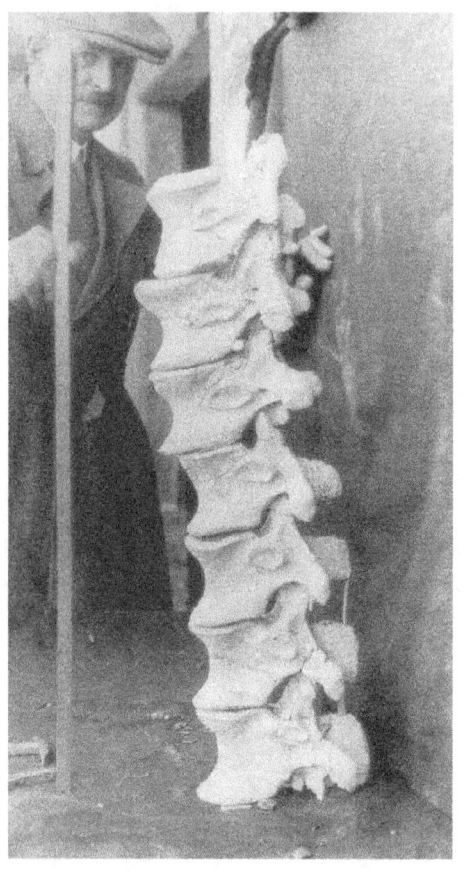

Hugo Rühle von Lilienstern (1882–1946),
Arzt und Amateuerpaläontologe aus Bedheim,
mit der Wirbelsäule eines Plateosaurus,
den er zusammen mit dem Raubdinosaurier Liliensternus
am Großen Gleichberg bei Römhild
unweit von Hildburghausen in Thüringen 1932/1933 entdeckte.
Foto: „Museum für Naturkunde"
der Humbold-Universität zu Berlin

Dinosaurierfunde
in Deutschland

1834: Entdeckung des ersten Dinosauriers *(Plateosaurus engelhardti)* in Franken
1837: Hermann von Meyer beschreibt *Plateosaurus engelhardti* aus Franken
um 1840: Wilhelm Dunker entdeckt bei Obernkirchen (Niedersachsen) einen Zahn des Leguanzahndinosauriers *Iguanodon*
1857: Hermann von Meyer beschreibt *Stenopelix valdensis* aus den Bückebergen (Niedersachsen)
1859: Andreas Wagner beschreibt *Compsognathus longipes* aus Kelheim oder Jachenhausen bei Riedenburg (Bayern)
1861: Hermann von Meyer bezeichnet eine 1860 in Solnhofen entdeckte Feder als *Archaeopteryx lithographica*. 1861 findet man bei Langenaltheim das erste Skelettexemplar eines Urvogels, den man ebenfalls *Archaeopteryx* zurechnet. *Archaeopteryx* gilt heute als Raubdinosaurier.
1879–1881: Erste Fährtenfunde in den Bückebergen und den Rehburger Bergen (Niedersachsen)
1904: Erste Knochenfunde in Trossingen (Baden-Württemberg)
1908: Friedrich von Huene beschreibt *Sellosaurus gracilis* (heute: *Plateosaurus gracilis)* und *Halticosaurus longotarsus* (heute: *Liliensternus liliensterni)*
1909: *Procompsognathus* wird am Nordhang des Stromberges bei Pfaffenhofen (Baden-Württemberg) entdeckt; der Schüler Hermann Weiß entdeckt Plateosaurierknochen

in Trossingen;
erste Dinosaurierskelettfunde in Halberstadt (Sachsen-
Anhalt)
1910: Die Grabungen in Halberstadt beginnen
1911: Wichtige Fährtenfunde im Keuper Württembergs
1911–1912: Erste Trossinger Grabung
1913: Eberhard Fraas beschreibt *Procompsognathus triassicus*
vom Nordhang des Stromberges bei Pfaffenhofen (Baden-
Württemberg)
1921: Die Barkhausener Dinosaurierfährten (Niedersachsen)
werden entdeckt
1921–1923: Zweite Trossinger Grabung
1932: Dritte Trossinger Grabung. Bei insgesamt sechs
Grabungen werden Reste von fast 100 Plateosauriern
geborgen
1932/1933: Hugo Rühle von Lilienstern gräbt am Großen
Gleichberg in Thüringen zwei Skelette von *Plateosaurus* und
zwei weitere von *Liliensternus* (früher *Halticosaurus*) aus
1934: Willi Weiss entdeckt in Franken die Fährte
Coelurosaurichnus schlauersbachensis
1948: Die Fährte *Coelurosaurichnus (Dinosaurichnium) moeni*
wird beschrieben
1950: Karl Beurlen beschreibt die Fährte *Coelurosaurichnus
kehli;*
Kurt Rehnelt beschreibt die Fährten *Coelurosaurichnus
schlehenbergensis* und *Coelurosaurichnus kronbergeri;*
1952: Florian Heller beschreibt die Fährte *Coelurosaurichnus
metzneri*, die ab 1986 der Fährtengattung A*treipus* zugerechnet
wird
1958: Oskar Kuhn beschreibt zwei Dinosaurierfährten aus
Franken: *Coelurosaurichnus ziegelangerensis* und *Coelurosaurichnus
sassendorfensis*

1963: *Emausaurus* wird in einer Tongrube bei Greifswald (Mecklenburg-Vorpommern) entdeckt
1975: Erste Dinosaurierknochen aus Nehden bei Brilon (Nordrhein-Westfalen) tauchen auf
1978: Rupert Wild beschreibt *Ohmdenosaurus liasicus* aus der Gegend von Ohmden (Baden-Württemberg)
1979: Die Münchehagener Dinosaurierfährten werden entdeckt
1979–1982: Ausgrabungen in Nehden mit großartigen Funden der Leguanzahndinosaurier *Iguanodon atherfieldensis* und *Iguanodon bernissartensis*
1982: Im Wiehengebirge (Niedersachsen) wird ein vermeintliches Schwanzstachelfragment des Stegosauriers *Lexovisaurus* entdeckt;
Kurt Rehnelt beschreibt die Fährte *Coelurosaurichnus arntzeniusi*
1988: Im Stromberg bei Pfaffenhofen (Baden-Württemberg) kommt die Fährte eines *Procompsognathu*s ähnelnden Raubdinosauriers samt Hautabdruck zum Vorschein
1989: In Baden-Württemberg wird anhand einer Fährte ein weiterer Raubtierfußdinosaurier (Theropode) nachgewiesen, der *Syntarsus* gleicht
1990: Der gepanzerte Dinosaurier *Emausaurus ernsti* aus einer Tongrube bei Greifswald *(Mecklenburg-Vorpommern)* wird von Hartmut Haubold beschrieben
1991: Neue Fährtenfunde eines großen Raubtierfußdinosauriers in Baden-Württemberg
2004: Bei Grabungen in einem Steinbruch bei Balve im Hönnetal im nördlichen Sauerland (Nordrhein-Westfalen) werden Knochen und Zähne von Dinosauriern geborgen
2004: In Münchehagen (Niedersachsen) werden nahe der 1979 entdeckten alten Fundstelle weitere Dinosaurierfährten gefunden

2006: P. Martin Sander, Octávio Mateus, Thomas Laven
und Nils Knötschke beschreiben den Elefantenfuß-
dinosaurier *Europasaurus holgeri* aus dem Kalksteinbruch
Langenberg bei Göttingerode (Niedersachsen). Der
Artname erinnert an den Entdecker Holger Lüdtke
2006: Ursula B. Göhlich und Louis M. Chiappe beschreiben
den 1998 bei Schamhaupten unweit von Eichstätt (Bayern)
entdeckten Raubdinosaurier *Juravenator starki*
2007: Die Dinosaurierfährten von Obernkirchen
(Niedersachsen) werden entdeckt
2012: Oliver Rauhut, Christian Foth, Helmut Tischlinger
und Mark A. Norell beschreiben den 2009 oder 2010 bei
Painten unweit von Kelheim (Bayern) ausgegrabenen
Raubdinosaurier *Sciurumimus albersdoerferi*
2016: Oliver Rauhut, Tom R.. Hübner und Klaus-Peter
Lanser beschreiben den 1998 von dem Geologen Friedrich
Albat im Wiehengebirge bei Minden (Nordrhein-Westfalen)
entdeckten Raubdinosaurier *Wiehenvenator albati*
2017: Oliver Rauhut und Christian Foth identifizieren ein
1855 in Jachenhausen bei Riedenburg (Bayern) geborgenes
Fossil als Raubdinosaurier und nennen es *Ostromia crassipes*.
Vorher galt dieser Fund, der im „Teylers Museum" in
Haarlem (Niederlande) aufbewahrt wird, als Urvogel.
2022: Ingmar Werneburg und Omar Regalado Fernandez
beschrieben eine 1922 von Friedrich von Huene bei
Trossingen entdeckte, *Plateosaurus* zugeschriebene und in
der Paläontologischen Sammlung der Universität Tübingen
aufbewahrte Hüfte als neue Gattung und Art namens
Tuebingosaurus maierfritzorum.

Literatur

BLANCKENHORN, Max: (1897): Saurierfunde im Fränkischen Keuper. In: *Sitzungs-Berichte der physikalisch-medizinischen Sozietät,* Erlangen, S. 67–91.

BÖHME, Gottfried (1989): Otto Jaekel und das Museum für Naturkunde der Berliner Universität. In: *Wissenschaftliche Zeitschrift der Ernst-Moritz Arndt-Universität Greifswald,* Mathematisch-naturwissenschaftliche Reihe, 38, S. 18–21.

BRANCA, Wilhelm von (1914): Die Aufstellung der Halberstadter Saurier im Berliner Museum für Naturkunde. In: *Paläontologische Zeitschrift,* 1, S. 404–407.

COX, Barry / DIXON, Dougal / GARDINER, Brian / SAVAGE, R. J. G. (1989): Dinosaurier und andere Tiere der Vorzeit. Die große Enzyklopädie der prähistorischen Tierwelt, Mosaik-Verlag, München.

DEHM, Richard (1935): Beobachtungen im Oberen Bunten Keuper Mittelfrankens. In: *Zentralblatt für Mineralogie, Geologie und Paläontologie,* Abteilung B, S. 97–109.

FERNÁNDEZ, Omar Rafael Regalado / WERNEBURG, Ingmar: A new massopodan sauropodomorph from Trossingen Formation (Germany) hidden as „*Plateosaurus*" for 100 years in the historical Tübingen collection. In: *Vertebrate Zoology* 72: S. 771–822, 2022.

FRAAS, Eberhard (1913): Die neuesten Dinosaurierfunde in der schwäbischen Trias. In: *Die Naturwissenschaften,* 1, S. 1097–1100.

GALTON, Peter M. (1984): Cranial anatomy of the prosauropod dinosaur, *Plateosaurus* from the Knollenmergel (Middle Keuper, Upper Triassic) of Germany. I: Two

complete skulls from Trossingen/Württemberg
with comments on the diet. In: *Geologica et Palaeontologica*, 18,
S. 139–171.

GALTON, Peter M. (1985): Cranial anatomy of the
prosauropod dinosaur *Plateosaurus* from the Knollenmergel
(Middle Keuper, Upper Triassic) of Germany. II: All the
cranial material and details of soft anatomy. In: *Geologica et
Palaeontologica*, 19, S. 119–147.

GALTON, Peter M. (1990): Basal Sauropodomorpha –
Prosauropoda. In: WEISHAMPEL, David B., DODSON,
Peter und OSMOLSKA, Halszka (Hg.): *The Dinosauria*,
University of California Press, S. 320–344.

HENNIG, Edwin (1923): Diskussion über die Saurischier
von Trossingen. In: *Paläontologische Zeitschrift, 5*, S. 374–375.

HOLZ, Rüdiger (1991): *Halberstädter Saurier*, Museum
Heineanum Halberstadt.

HUENE, Friedrich von (1907/1908): Die Dinosaurier der
europäischen Triasformation mit Berücksichtigung der
außereuropäischen Vorkommnisse. In: *Geologisch-
paläontologische Abhandlungen*, Supplement-Band 1, S. 1–419.

HUENE, Friedrich von (1923): Exkursion nach Trossingen.
In: *Paläontologische Zeitschrift*, 5, S. 374–375.

HUENE, Friedrich von (1926): Vollständige Osteologie
eines Plateosauriden aus dem schwäbischen Keuper. In:
Geologisch-paläontologische Abhandlungen, Neue Folge, 15,
S. 139–179.

HUENE, Friedrich von (1928): Lebensbild des Saurischier-
Vorkommens im obersten Keuper von Trossingen. In:
Palaeobiologica, 1, S. 103–116.

HUENE, Friedrich von (1929): Die Plateosaurier von
Trossingen. In: *Die Umschau*, 4, S. 880–882.

JAEKEL, Otto (1914 a): Über die Wirbeltierfunde in der

Oberen Trias von Halberstadt. In: *Paläontologische Zeitschrift*, 1, S. 155–215.

JAEKEL, Otto (1914 b): Die Aufstellung der Halberstädter Saurier im Berliner Museum für Naturkunde. In: *Paläontologische Zeitschrift*, 1, S. 407.

MEYER, Hermann von (1837): Mitteilung an Prof. BRONN: *Plateosaurus engelhardti*. In: *Neues Jahrbuch Mineralogie, Geologie, Paläontologie*, S. 316.

MOSER, Markus (2003): *Plateosaurus engelhardti* MEYER, 1837 (Dinosauria: Sauropodomorpha) aus dem Feuerletten (Mittelkeuper; Obertrias) von Bayern. *Zitteliana*, Reihe B, Abhandlungen der Bayerischen Staatssammlung für Paläontologie und Geologie, B 24, München

NESTLER, Helmut (1989): Die Entwicklung der Paläontologie unter Otto JAEKEL in Greifswald. In: *Wissenschaftliche Zeitschrift der Ernst-Moritz Arndt-Universität Greifswald*, Mathematisch-Naturwissenschaftliche Reihe, 38, S. 2–7.

NOPCSA, Franz Baron von (1923): Diskussion über die Saurischier von Trossingen. In: *Paläontologische Zeitschrift*, 5, S. 376.

PROBST, Ernst (1986): Deutschland in der Urzeit. Von der Entstehung des Lebens bis zum Ende der Eiszeit, C. Bertelsmann, München

PROBST, Ernst (2010): Dinosaurier von A bis K. Von Abelisaurus bis Kritosaurus, GRIN, München.

PROBST, Ernst (2010): Dinosaurier von L bis Z. Von Labocania bis Zupaysaurus, GRIN, München.

PROBST, Ernst / WINDOLF, Raymund (1993): Dinosaurier in Deutschland, C. Bertelsmann, München.

REIF, Wolf-Ernst (1984): Paleoecology and evolution in the work of Friedrich von HUENE. In: REIF, Wolf-Ernst und

WESTPHAL, Frank (Hg.): *Drittes Symposium über mesozoische terrestrische Ökosysteme,* Kurzbeiträge, Attempto, Tübingen, S. 193–197.

RÜHLE VON LILIENSTERN, Hugo / LANG, Minna / HUENE, Friedrich von (1952): *Die Saurier Thüringens,* G. Fischer, Jena.

SANDER, Martin P. (1992): The Norian *Plateosaurus* bonebeds of central Europe and their taphonomy. In: *Palaeogeography, Palaeoclimatology, Palaeoecolgy.* Volume 93, Issues 3–4, S. 255–299.

SCHARRER, Johannes (1837): Dr. Joh. Fried. Phil. Engelhart Professor der Chemie an der Polytechnischen- und an der Kreislandwirthschafts- und Gewerkschule in Nürnberg. Eine biographische Skizze. *Beilage zum Programm und Jahresbericht der technischen Lehreranstalten in Nürnberg.*

SEEMANN, Reinhold (1932): Verlauf und Ergebnisse der neuen Saurierausgrabungen in Trossingen. In: *Jahreshefte des Vereins für vaterländische Naturkunde in Württemberg,* 88, S. LII–LIV.

SEEMANN, Reinhold (1941): Merkwürdige Lebensspuren in den Trossinger Keupermergeln und ihre Bedeutung für die Erklärung der Saurischierlager. I*n: Jahresbericht Mitteilungen des oberrheinisch geologischen Vereines,* Neue Folge, 30, S. 42–47.

URLICHS, Max (1966): Zur Fossilführung und Genese des Feuerlettens, der Rät-Lias-Grenzschichten und des Unteren Lias bei Nürnberg. In: *Erlanger Geologische Abhandlungen,* 64, S. 1–42.

WEISHAMPEL, David B. (1984): Trossingen, E. FRAAS, F. von HUENE, R. SEEMANN and the Schwäbische Lindwurm *Plateosaurus.* In: REIF, Wolf-Ernst und WESTPHAL, Frank (Hg.)*: Drittes Symposium über mesozoische terrestrische Ökosysteme,* Kurzbeiträge, Attempto,

Tübingen, S. 249–253.

WEISHAMPEL, David B. und WESTPHAL, Frank (1986): *Die Plateosaurier von Trossingen im Geologischen Institut der Eberhard-Karls-Universität Tübingen*, Ausstellungskataloge der Universität Tübingen, Nr. 19, Attempto, Tübingen.

WEISHAMPEL, David B. und CHAPMAN, Ralph E. (1990): Morphometric study of *Plateosaurus* from Trossingen (Baden-Württemberg, Federal Republic of Germany). In: CARPENTER, Kenneth und CURRIE, Philip J. (Hg.): *Dinosaur Systematics. Approaches and perspectives*, Cambridge University Press, S. 43–51.

WIKIPEDIA (Online-Lexikon): *Plateosaurus* https://de.wikipedia.org/wiki/Plateosaurus

WILD, Rupert (1987): Die Trossinger Dinosaurier-Grabungen. In: *Schönes Schwaben*, Heft 1, S. 66–68.

WIMANN, Carl (1923): Diskussion über die Saurischier von Trossingen. In: *Paläontologische Zeitschrift*, 5, S. 377.

WINDOLF, Raymund (1989): Dinosaurier-Lexikon. Das aktuelle Wissen über die Dinosaurier, von ihren Anfängen bis zum Aussterben, Goldschneck-Verlag, Korb.

WINDOLF, Raymund (1993): Die letzten Plateosaurier-Grabungen in Halberstadt. In: *Dinosaurier-Magazin*, N. F., Heft 2, S. 4–7.

ZIEGLER, Bernhard (1986): *Der schwäbische Lindwurm*, Theiss, Stuttgart, S. 139–143.

Die Autoren

Ernst Probst, 1946 in Neunburg vorm Wald (Oberpfalz) geboren, war von 1973 bis 2001 verantwortlicher Redakteur bei der „Allgemeinen Zeitung" in Mainz und betätigte sich in seiner Freizeit als Wissenschaftsautor. Ab 1977 beschäftigte er sich mit der Erdgeschichte Deutschlands, zunächst als Fossiliensammler im Mainzer Becken, später als Verfasser von Artikeln für Tages- und Wochenzeitungen in Deutschland, Österreich und der Schweiz. Die „Welt" nannte sein 1986 erschienenes Buch „Deutschland in der Urzeit" ein „Glanzstück deutscher Wissenschaftspublizistik". Bis heute veröffentlichte er mehr als 300 Bücher, Taschenbücher und Broschüren aus den Themenbereichen Paläontologie, Kryptozoologie, Archäologie und Geschichte.

Raymund Windolf, geboren 1953 in München, gestorben 2010 in Rott/Lech, interessierte sich bereits als Sechsjähriger für Dinosaurier. Sein Berufsleben begann er mit einer Ausbildung zum Wetterdiensttechniker (Wetterbeobachter). Von 1975 bis 1983 arbeitete er beim „Deutschen Wetterdienst". Mit ideeller und finanzieller Unterstützung seiner Ehefrau Regina Cossmann studierte er danach Zoologie, Botanik und Paläontologie. Zeitweise war er Herausgeber der Zeitschrift „Dinosaurier-Magazin". 1989 veröffentlichte er das „Dinosaurier-Lexikon" und 1993 zusammen mit Ernst Probst das Buch „Dinosaurier in Deutschland". Während seiner Tätigkeit für den „Dinopark Münchehagen" war er ab 1998 an der Bearbeitung von Dinosaurierfunden aus Niedersachsen beteiligt.

Buch „Dinosaurier in Deutschland" (1993)
von Ernst Probst und Raymund Windolf (1953–2010)

Bücher von Ernst Probst

(Auswahl)

Als Mainz im Meer lag
Als Mainz noch nicht am Rhein lag
Der Europäische Jaguar
Der Mosbacher Löwe. Die riesige Raubkatze aus
Wiesbaden
Der Rhein-Elefant. Das Schreckenstier von Eppelsheim
Der Ur-Rhein. Rheinhessen vor zehn Millionen Jahren
Deutschland im Eiszeitalter
Deutschland in der Frühbronzezeit
Deutschland in der Mittelbronzezeit
Deutschland in der Spätbronzezeit
Die Aunjetitzer Kultur in Deutschland
Die Straubinger Kultur in Deutschland
Die Singener Gruppe
Die Arbon-Kultur in Deutschland
Die Ries-Gruppe und die Neckar-Gruppe
Die Adlerberg-Kultur
Der Sögel-Wohlde-Kreis
Die nordische Bronzezeit in Deutschland
Die Hügelgräber-Kultur in Deutschland
Die ältere Bronzezeit in Nordrhein-Westfalen
Die Bronzezeit in der Lüneburger Heide
Die Stader Gruppe
Die Oldenburg-emsländische Gruppe
Die Urnenfelder-Kultur in Deutschland
Die ältere Niederrheinische Grabhügel-Kultur
Die Unstrut-Gruppe

Die Helmsdorfer Gruppe
Die Saalemündungs-Gruppe
Die Lausitzer Kultur in Deutschland
Die Dolchzahnkatze Megantereon
Die Dolchzahnkatze Smilodon
Die Säbelzahnkatze Homotherium
Die Säbelzahnkatze Machairodus
Die Schweiz in der Frühbronzezeit
Die Rhône-Kultur in der Westschweiz
Die Arbon-Kultur in der Schweiz
Die Schweiz in der Mittelbronzezeit
Die Schweiz in der Spätbronzezeit
Deutschland in der Urzeit. Von der Entstehung des Lebens
bis zum Ende der Eiszeit
Deutschland in der Steinzeit. Jäger, Fischer und Bauern
zwischen Nordseeküste und Alpenraum
Deutschland in der Bronzezeit. Bauern, Bronzegießer und
Burgherren zwischen Nordsee und Alpen
Dinosaurier in Deutschland (zusammen mit Raymund
Windolf)
Dinosaurier von A bis K. Von Abelisaurus bis zu
Kritosaurus
Dinosaurier von L bis Z. Von Labocania bis zu
Zupaysaurus
Der rätselhafte Spinosaurus. Leben und Werk des Forschers
Ernst Stromer von Reichenbach
Eiszeitliche Geparde in Deutschland
Eiszeitliche Leoparden in Deutschland
Höhlenlöwen. Raubkatzen im Eiszeitalter
Johann Jakob Kaup. Der große Naturforscher aus Darmstadt
Monstern auf der Spur. Wie die Sagen über Drachen, Riesen
und Einhörner entstanden

Neues vom Ur-Rhein. Interview mit dem Geologen und
Paläontologen Dr. Jens Sommer
Österreich in der Frühbronzezeit
Österreich in der Mittelbronzezeit
Österreich in der Spätbronzezeit
Raub-Dinosaurier von A bis Z. Mit Zeichnungen von
Dmitry Bogdanav und Nobu Tamura
Raubdinosaurier in Bayern. Von Archaeopteryx bis zu
Sciurumimus
Rekorde der Urmenschen. Erfindungen, Kunst und
Religion
Rekorde der Urzeit. Landschaften, Pflanzen und Tiere
Säbelzahnkatzen. Von Machairodus bis zu Smilodon
Säbelzahntiger am Ur-Rhein. Machairodus und
Paramachairodus
Was ist ein Menhir? Interview mit dem Mainzer
Archäologen
Dr. Detert Zylmann
Wer ist der kleinste Dinosaurier? Interviews mit dem
Wissenschaftsautor Ernst Probst
Wer war der Stammvater der Insekten? Interview mit dem
Stuttgarter Biologen und Paläontologen Dr. Günther Bechly
Kastel in der Vorzeit. Von der Jungsteinzeit bis Christi
Geburt
Kostheim in der Vorzeit. Von der Jungsteinzeit bis Christi
Geburt
Anno. 1.000.000. Deutschland in der älteren Altsteinzeit
Wiesbaden in der Steinzeit. Von Eiszeit-Jägern zu frühen
Bauern
Das Protoacheuléen. Eine Kulturstufe der Altsteinzeit vor
etwa 1,2 Millionen bis 600.000 Jahren
Das Altacheuléen. Eine Kulturstufe der Altsteinzeit vor etwa

Die Mittelsteinzeit in Niedersachsen
Die Mittelsteinzeit in Thüringen, Sachsen-Anhalt, Sachsen
und im südlichen Brandenburg
Die Mittelsteinzeit in Schleswig-Holstein, Mecklenburg und
im nördlichen Brandenburg
Die ersten Bauern in Deutschland. Die Linienband-
keramische Kultur (5.500 bis 4.900 v. Chr.)
Die Ertebölle-Ellerbek-Kultur. Eine Kultur der Jung-
steinzeit vor etwa 5.000 bis 4.300 v. Chr.
Die Stichbandkeramik. Eine Kultur der Jungsteinzeit vor
etwa 4.900 bis 4.500 v. Chr.
Die Oberlauterbacher Gruppe. Eine Kulturstufe der
Jungsteinzeit vor etwa 4.900 bis 4.500 v. Chr.
Die Hinkelstein-Gruppe. Eine Kulturstufe der Jungsteinzeit
vor etwa 4.900 bis 4.800 v. Chr.
Die Rössener Kultur. Eine Kultur der Jungsteinzeit vor
etwa 4.600 bis 4.300 v. Chr.
Die Baalberger Kultur. Eine Kultur der Jungsteinzeit vor
etwa 4.300 bis 3.700 v. Chr.
Die Kupferzeit. Wie die ersten Metalle in Mitteleuropa
bekannt wurden
Die Michelsberger Kultur. Eine Kultur der Jungsteinzeit vor
etwa 4.300 bis 3.500 v. Chr.
Das Rätsel der Großsteingräber. Die nordwestdeutsche
Trichterbecher-Kultur vor etwa 4.300 bis 3.000 v. Chr.
Pfahlbauten in Süddeutschland. Dörfer der Jungsteinzeit
und Bronzezeit an Seen, Mooren und Flüssen
Die Altheimer Kultur / Die Pollinger Gruppe. Zwei
Kulturen der Jungsteinzeit vor etwa 3.900 bis 3.500 v. Chr.
Die Salzmünder Kultur. Eine Kultur der Jungsteinzeit vor
etwa 3.700 bis 3.200 v. Chr.
Die Chamer Gruppe. Eine Kulturstufe der Jungsteinzeit vor

etwa 3.500 bis 2.700 v. Chr.
Die Wartberg-Kultur. Eine Kultur der Jungsteinzeit vor
etwa 3.500 bis 2.800 v. Chr.
Die Walternienburg-Bernburger Kultur. Eine Kultur der
Jungsteinzeit vor etwa 3.200 bis 2.800 v. Chr.
Die Kugelamphoren-Kultur. Eine Kultur der Jungsteinzeit
vor etwa 3.100 bis 2.700 v. Chr.
Die Schnurkeramischen Kulturen. Kulturen der
Jungsteinzeit vor etwa 2.800 bis 2.400 v. Chr.
Die Einzelgrab-Kultur. Eine Kultur der Jungsteinzeit vor
etwa 2.800 bis 2.300 v. Chr.
Die Schönfelder Kultur. Eine Kultur der Jungsteinzeit vor
etwa 2.800 bis 2.200 v. Chr.
Die Glockenbecher-Kultur. Eine Kultur der Jungsteinzeit
vor etwa 2.500 bis 2.200 v. Chr.

Der deutsche Paläontologe Otto Jaekel glaubte
in seinem Lehrbuch „Die Wirbeltiere" (1911),
Plateosaurus sei — wenn auch schwerfällig —
mit den Hinterbeinen wie ein Känguru gehüpft.
Zeichnung aus „Geological magazine" (1914)